从小爱科学　小生活大世界

Tansuo Shenghuo Da Aomi

探索生活大奥秘

纸上魔方 / 编著

动物世界真奇妙

山东人民出版社

全国百佳图书出版单位 国家一级出版社

图书在版编目（CIP）数据

动物世界真奇妙 / 纸上魔方编著 . — 济南：山东人民出版社，2014.5（2024.1 重印）

（探索生活大奥秘）

ISBN 978-7-209-06581-8

Ⅰ . ①动… Ⅱ . ①纸… Ⅲ . ①动物—少儿读物 Ⅳ . ① Q95-49

中国版本图书馆 CIP 数据核字 (2014) 第 028612 号

责任编辑：王　路

动物世界真奇妙

纸上魔方　编著

山东出版传媒股份有限公司

山东人民出版社出版发行

社　址：济南市经九路胜利大街 39 号　邮 编：250001

网　址：http:// www.sd-book.com.cn

发行部：（0531）82098027 82098028

新华书店经销

三河市华东印刷有限公司

规　格　16 开（170mm × 240mm）

印　张　8.25

字　数　150 千字

版　次　2014 年 5 月第 1 版

印　次　2024 年 1 月第 3 次

ISBN 978-7-209-06581-8

定　价　39.80 元

如有质量问题，请与印刷厂调换。（0531）82079112

前言

小藻球是怎样净化污水的呢？含羞草可以预报地震吗？卷柏为什么又叫九死还魂草呢？你见过能预测气温的草吗？什么是臭氧层？为什么水开后会冒蒸气？混凝土车为什么会边走边转呢？仿真汽车是汽车吗？青春期的女孩很容易长胖吗？我为什么长大了？多吃甜食有好处吗？为什么不能空腹吃柿子？没有炒熟的四季豆为什么不能吃？发芽的土豆为什么不能吃？……生活中有太多令小朋友们好奇而又解释不了的问题。别急，本套丛书内容涵盖了人体、生活、生物、宇宙、气候等各个知识领域，用最浅显通俗的语言、最幽默风趣的插图，让小朋友们在轻松愉悦的氛围中提高阅读兴趣，不断扩充知识面，激发小朋友们的想象力。相信本套丛书一定会让小朋友及家长爱不释手。

让我们现在就出发，一起到科学的王国探秘吧！

用心发现，原来世界奥秘无穷！

目录

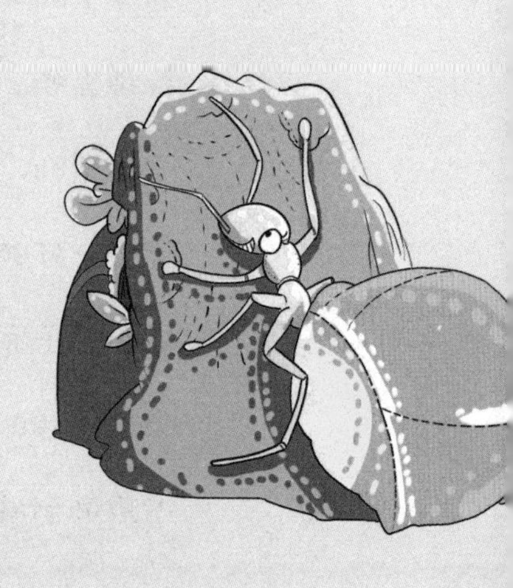

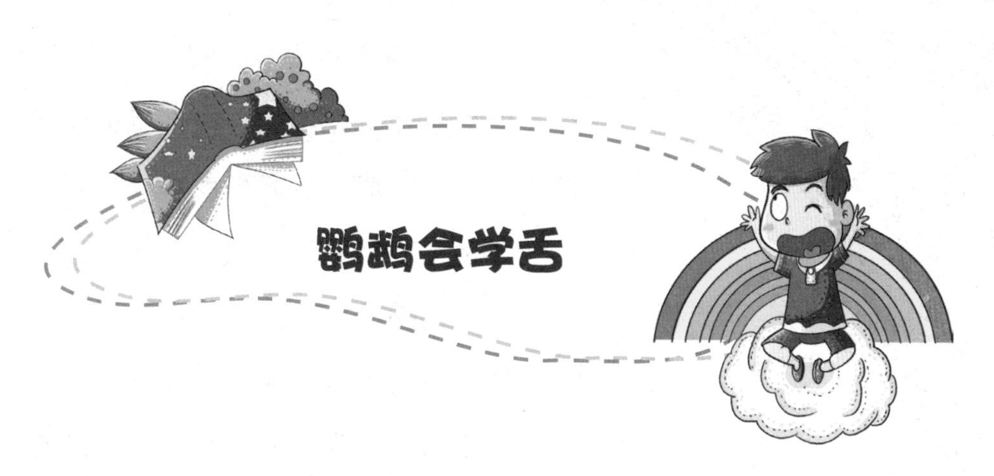

鹦鹉会学舌

你听说过“鹦鹉学舌”这个成语吗？它来源于我国的宋代，比喻人家怎么说，他也跟着怎么说。但照它表面的意思是：鹦鹉跟着人学说话，可见鹦鹉这精湛的“口技”是多么的深入人心。

在人们的精心教导下，鹦鹉可以学会人类简单的语句，甚至能把这些语句用在不同的地方。鹦鹉为什么会学人说话呢？

首先，鹦鹉是非常聪明的，在世界最聪明的动物排行榜中，鹦鹉可是名列前茅呢！鹦鹉很淘气，就像顽童一样喜欢游戏、恶作剧，这种嗜好，显示了鹦鹉的智商很高。在野外，鹦鹉甚至能用音乐技巧进行交流。既然鹦鹉会学人说话是因为聪明，那为什么一些比鹦鹉还聪明的动物，比如跟人类更相像的猴子、黑猩猩等，它们不能学会说话呢？在这里，就要提到第二个原因了。

鹦鹉长着一张像钩子一样的喙，可是你

知道吗，鹦鹉的嘴里藏着一个大秘密！它嘴里的发声器官鸣管，除了具有一般鸟儿的基本特征以外，构造上也更加完美；鸣管中长着特殊的肌肉——鸣肌，构造与人类的声带十分相近。鹦鹉的舌头还与人类的舌头非常相像。鹦鹉的舌头柔软肥厚，特别圆滑，前端细长呈月形，像人的舌头一样，可以灵活地转动。

有了这些得天独厚的条件，鹦鹉能够惟妙惟肖地学人说话，就不奇怪了。

那么，鹦鹉说话仅仅是学舌，或者是纯粹的模仿，还是真的能理解人们说的话呢？对于大多数鹦鹉来说，它们就是在纯粹地模仿，人们教什么，它们就学什么，并不理解这些话的含义。但鹦鹉中的天才却不仅仅如此。

美国女科学家爱伦·皮普伯格曾训练过一只鹦鹉，名叫爱列克斯。它不仅能懂得所学会的人类语言的含义，还能巧妙地运用这些语言。它可以学会单词，认识物体，还能准确地识别出红色、绿色、蓝色、灰色和黄色等多种颜色。它甚至能看懂主人的情绪，当看到爱伦·皮普伯格生气时，还会乖乖地向她道歉。

在爱列克斯去世的那天晚上，还与主人有过一次温馨的晚安道别。爱伦·皮普伯格对它说：“你真好。”爱列克斯说：“我爱你。”主人说：“我也爱你！”爱列克斯问：“你明天能来吗？”主人回答：“当然，我明天会来的。”爱列克斯的去世，令珍爱它的爱伦·皮普伯格悲痛欲绝。

在所有鸟儿中，鹦鹉是最聪明的。它们与什么动物的血缘关系比较近呢？许多人也对此产生了极大的好奇，有人甚至猜想，它们是不是由鸽子或杜鹃进化来的呢？科学家们为了找到鹦鹉真正的“亲人”，试图用DNA来破解谜团。但这并没有给科学家带来帮助，因为，鹦鹉的进化过程似乎非常复杂，很难从中找到线索。幸运的是，人们先后发现了两块类似鹦鹉的化石，专家对这两块化石进行研究，也许过不了多久，就能找到鹦鹉的亲戚了。

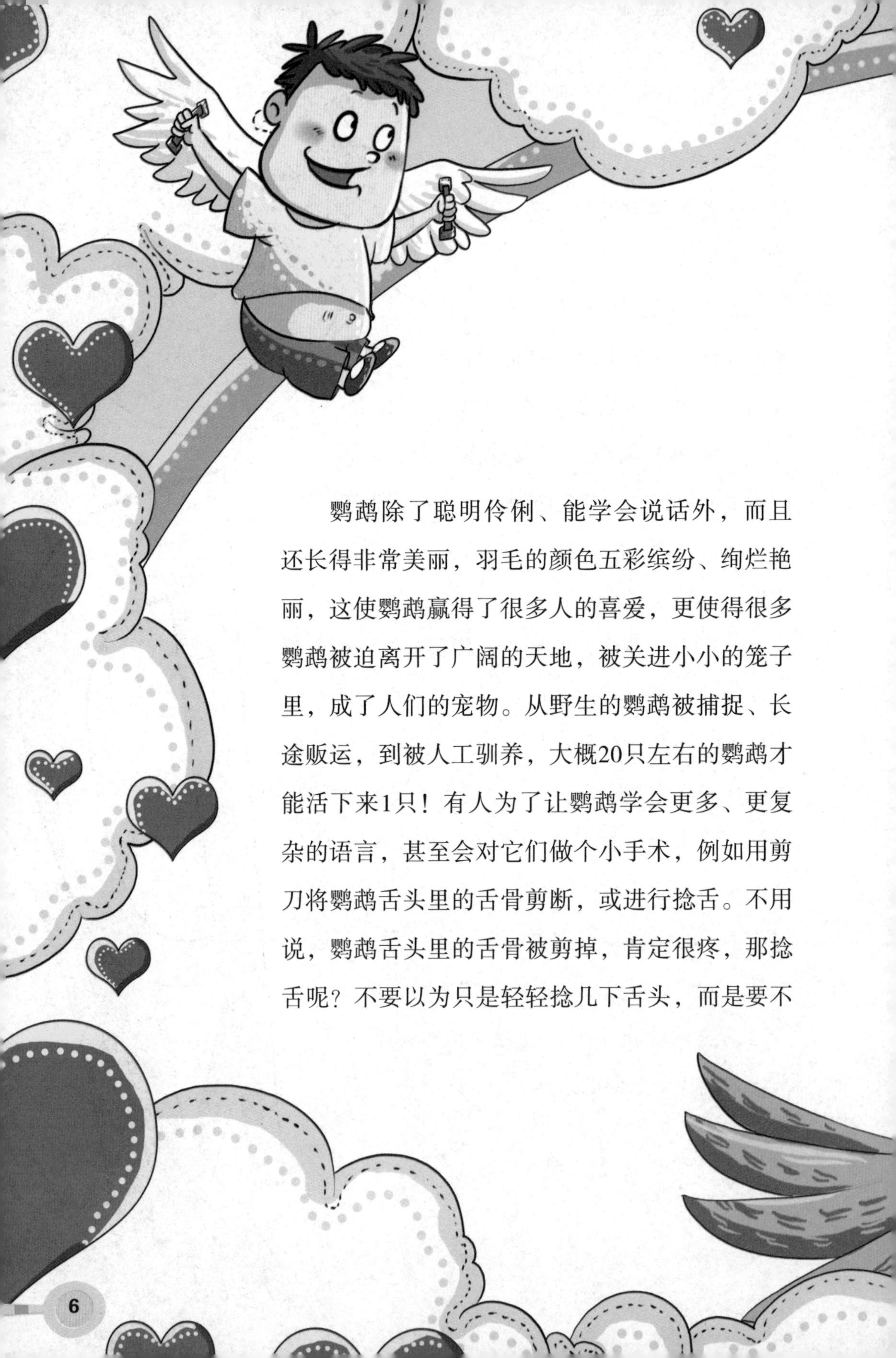

鹦鹉除了聪明伶俐、能学会说话外，而且还长得非常美丽，羽毛的颜色五彩缤纷、绚烂艳丽，这使鹦鹉赢得了很多人的喜爱，更使得很多鹦鹉被迫离开了广阔的天地，被关进小小的笼子里，成了人们的宠物。从野生的鹦鹉被捕捉、长途贩运，到被人工驯养，大概20只左右的鹦鹉才能活下来1只！有人为了让鹦鹉学会更多、更复杂的语言，甚至会对它们做个小手术，例如用剪刀将鹦鹉舌头里的舌骨剪断，或进行捻舌。不用说，鹦鹉舌头里的舌骨被剪掉，肯定很疼，那捻舌呢？不要以为只是轻轻捻几下舌头，而是要不

停地上下揉搓鹦鹉的舌头，直到捻掉舌头下一层乳白色的皮，使舌头露出红色的肉。你想，要被硬生生地捻掉一层皮，该有多疼啊！人们或许在驯养鹦鹉的过程中得到了很多乐趣，但对鹦鹉来说，却是多么痛苦、多么残忍啊！

如果你真的喜欢鹦鹉，那就不要把它们当作宠物，关在笼子里，还是让它们在天空中自由地飞翔吧！

小小蚂蚁力气大

如果说蚂蚁是个“大力士”，一定有小朋友觉得这是胡说八道。唐朝诗人韩愈就曾说过：“蚍蜉撼大树，可笑不自量。”蚍蜉是一种大蚂蚁，韩愈这是在借蚂蚁来嘲笑那些不自量力的人，可见很多人都认为蚂蚁的力气是很小的。这也没错，你看，蚂蚁力气再大，也不可能举起一个电话，而人却可以非常轻易地拿起来。

但是换一个角度来看呢？一个电话，仅仅约等于一个人体重的1/100。而一只蚂蚁体重的1/100，可能只是蚂蚁身上的一根体毛，蚂蚁也能非常轻易地拿起来。如果你称一下蚂蚁的体重，再称一下它搬运的物体的重量，你就会非常惊讶地发现，它能背动比它自身重50多倍的物体。而在世界上，还从来没有一个人能举起超过自己体重3倍的重量！从这个角度讲，蚂蚁是名副其实的大力士，它比人的力气大得多！

小小的蚂蚁为什么会有这么大的力气呢？当你跑步时间长了，或者长时间举着一个东西，就会感觉腿酸了、胳膊酸了，这是因为你的肌肉中产生了一种酸性物质。蚂蚁在活动时也会产生一种酸性物质，而且只要产生一点儿这种酸性物质，就能使肌肉产生巨大的力量，就像是一部效率很高的“发动机”。

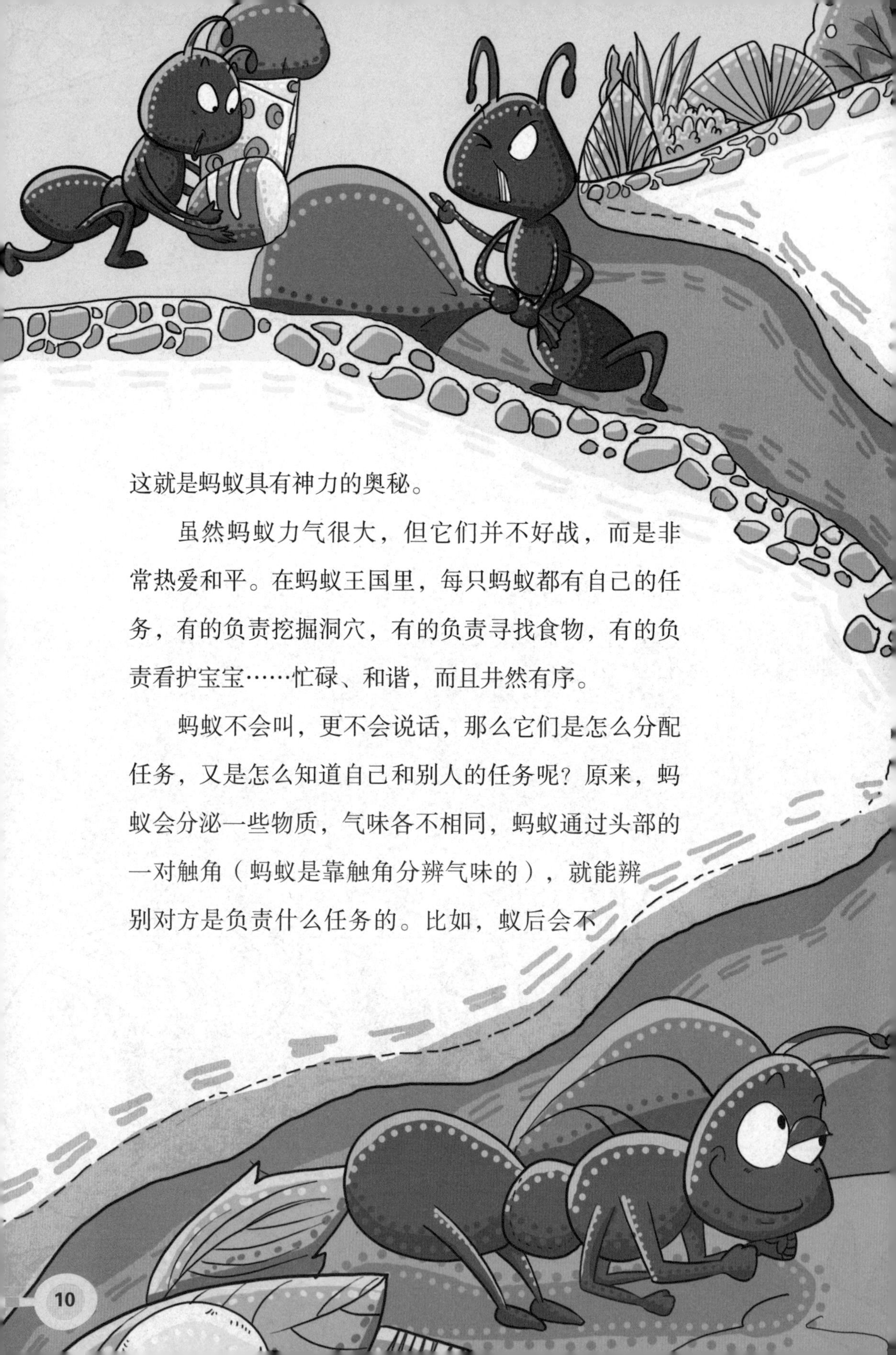

这就是蚂蚁具有神力的奥秘。

虽然蚂蚁力气很大，但它们并不好战，而是非常热爱和平。在蚂蚁王国里，每只蚂蚁都有自己的任务，有的负责挖掘洞穴，有的负责寻找食物，有的负责看护宝宝……忙碌、和谐，而且井然有序。

蚂蚁不会叫，更不会说话，那么它们是怎么分配任务，又是怎么知道自己和别人的任务呢？原来，蚂蚁会分泌一些物质，气味各不相同，蚂蚁通过头部的一对触角（蚂蚁是靠触角分辨气味的），就能辨别对方是负责什么任务的。比如，蚁后会不

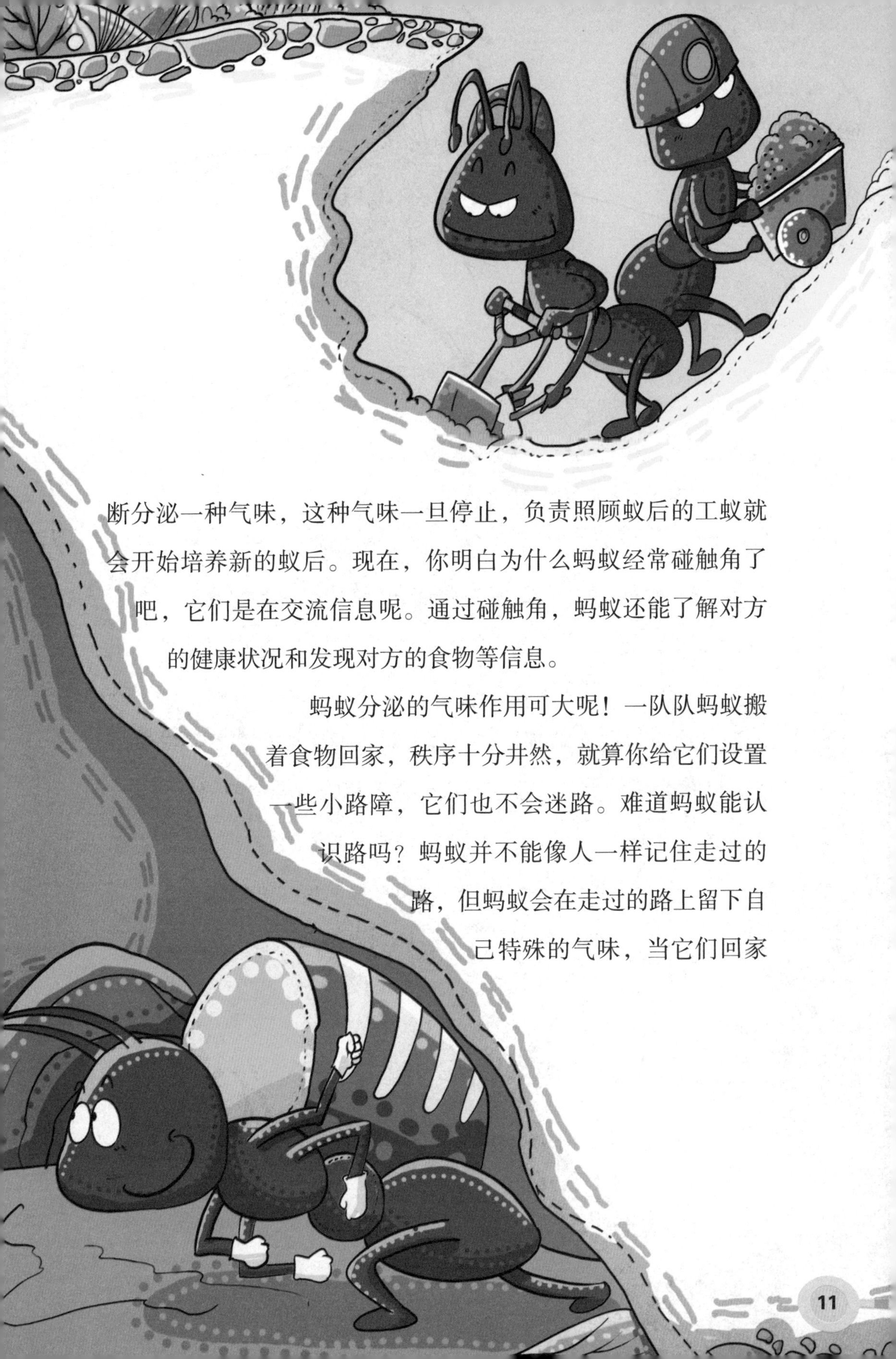

断分泌一种气味，这种气味一旦停止，负责照顾蚁后的工蚁就会开始培养新的蚁后。现在，你明白为什么蚂蚁经常碰触角了吧，它们是在交流信息呢。通过碰触角，蚂蚁还能了解对方的健康状况和发现对方的食物等信息。

蚂蚁分泌的气味作用可大呢！一队队蚂蚁搬着食物回家，秩序十分井然，就算你给它们设置一些小路障，它们也不会迷路。难道蚂蚁能认识路吗？蚂蚁并不能像人一样记住走过的路，但蚂蚁会在走过的路上留下自己特殊的气味，当它们回家

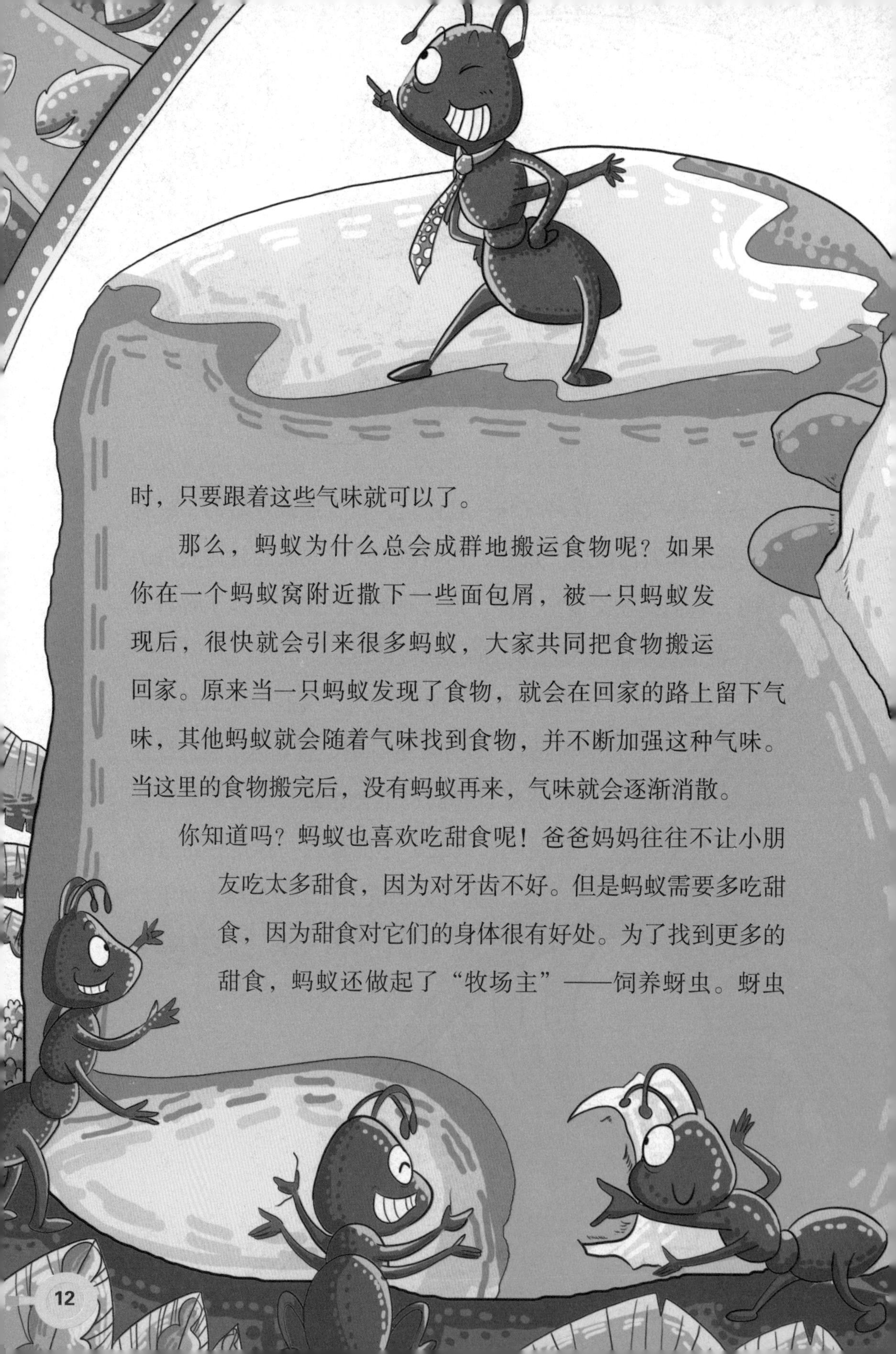

时，只要跟着这些气味就可以了。

那么，蚂蚁为什么总会成群地搬运食物呢？如果你在一个蚂蚁窝附近撒下一些面包屑，被一只蚂蚁发现后，很快就会引来很多蚂蚁，大家共同把食物搬运回家。原来当一只蚂蚁发现了食物，就会在回家的路上留下气味，其他蚂蚁就会随着气味找到食物，并不断加强这种气味。当这里的食物搬完后，没有蚂蚁再来，气味就会逐渐消散。

你知道吗？蚂蚁也喜欢吃甜食呢！爸爸妈妈往往不让小朋友吃太多甜食，因为对牙齿不好。但是蚂蚁需要多吃甜食，因为甜食对它们的身体很有好处。为了找到更多的甜食，蚂蚁还做起了“牧场主”——饲养蚜虫。蚜虫在吸食植物汁液时，不仅滋养了自己，还能分泌出一种透明的、黏糊糊的东西，这种东西含有大量的糖分，叫作蜜露，这可是蚂蚁最喜欢的美食！

蚂蚁会用很多枝条和黏土垒成土坝，把蚜虫关在里面，然后会有蚂蚁专门负责看守，以防外面的蚂蚁来抢夺。当"牧场"里的蚜虫太多，变得拥挤时，蚂蚁还会把一部分蚜虫搬到新的地方。

蚂蚁不但在"牧场"里精心照顾蚜虫，当蚜虫在野外遇到天敌的攻击时，蚂蚁也会奋力帮蚜虫把天敌赶走。如果弱小的蚜虫被大风吹到地上，蚂蚁还会小心地把它们搬回植物茎叶上。若看到身体不好的蚜虫，蚂蚁会把它们带回蚂蚁窝，养好后再送回植物的茎叶上。

蚂蚁是不是也很聪明呢？

蜜蚁

我们都知道，一个蚁群中有蚁后、雄蚁、工蚁和兵蚁，其实有的蚂蚁种类，除了这四类分工，还有一种分工，那就是蜜蚁。工蚁把采来的蜜喂给蜜蚁，储存在它们的胃里，存满了蜜浆的蜜蚁的身体可以膨胀到空腹时的身体的好几倍大，就像吹满了气的气球，挂在蚂蚁洞壁上。需要用蜜汁时，便刺激蜜蚁，蜜蚁便会吐出蜜汁供其他蚂蚁食用。这种方法比冰箱还有效呢，因为这些蜜露可以储存好几个月而不变质。

翘尾蚁的绝招

在中国有一种螯针经常翘起来的蚂蚁——翘尾蚁。它们会搭桥，如果两棵树距离不是很远，它们就会一只咬住另一只的后足，连成一串“线”，然后借助风力，把“线”的另一端搭到另一棵树上，形成一座“桥”，而且后面的蚂蚁不断接上来，好让前面的蚂蚁爬到另一棵树上，这样既不让搭桥的蚂蚁劳累，又能实现树与树之前的迁移。而如果它们从一棵树上下来再爬到另一棵树上，中间则可能会遇到很多障碍。

会飞的“拦路虎”

老虎不会飞，拦路的老虎自然也不会飞，所以我们这里说的“拦路虎”当然不是真正的老虎，而是一种昆虫，叫作虎甲虫。

人们很少能见到虎甲虫，所以我们把它的长相说得详细一点。相对于蚂蚁、苍蝇等昆虫，虎甲虫体型很大；而相对于螳

螂、蝉等昆虫，虎甲虫又挺小。虎甲虫身体细长，一般有1~2厘米。苍蝇、蜜蜂、蝴蝶等昆虫的两对翅膀都是柔软的，虎甲虫的翅膀却是一对硬的、一对软的，下面的翅膀是柔软的，上面的翅膀像硬硬的铠甲一样覆盖在腹部上。它大大的脑袋上长着一对突出的复眼，有两根长长的触角，像小细丝一样。如果你能认真地数一下，会发现它的触角被分成了11节。虎甲虫的3对足爪细长而尖锐，用来掘土再方便不过了。

虽说虎甲虫不常见，但除了野外，在家里也能见到，因为虎甲虫多数颜色鲜艳，常常泛着金属光泽，硬硬的翅膀上还常有金色条纹和斑点，长得很漂亮，而且容易饲养，于是成了不

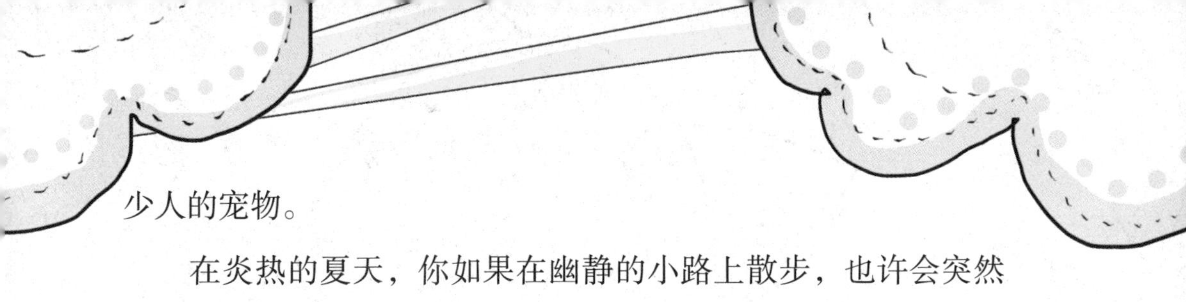

少人的宠物。

在炎热的夏天，你如果在幽静的小路上散步，也许会突然发现一只虎甲虫飞到面前，直直地盯着你看，或者在你前面头朝着你飞着向后退，并且与你保持着不太远的距离。由于虎甲虫的这种特殊习性，人们就把它叫作“拦路虎”，也有人叫它“引路虫”。你如果想抓住这漂亮的虎甲虫，可要小心了，因为它会用有力的长颚狠狠地去咬抓它的人，万一被它咬住，会很疼的哦！

前面我们讲的都是成年的虎甲虫，下面介绍一下它的幼虫。说到虎甲虫的幼虫就更少见了，因为它们大多住在地下的洞穴里。这个洞穴可是幼虫的“妈妈”帮它挖好的。靠着长而尖锐的足爪，虎甲虫的妈妈帮自己的孩子挖好一个安全

的“家”。在比较硬的土地上，洞穴的长度只比幼虫的身体稍稍长一点；在松软的土地上，洞穴的长度要长得多，甚至能达到1米多深。

一个人成年和幼年的样子没多大区别，小猫和大猫也长得很像，但虎甲虫的成虫和幼虫却长得完全不一样。幼虫就是一个肉虫子，头比较大，胸部总是驼起来，而腹部又弯曲下去，看起来很像骆驼，所以人们又叫它“骆驼虫”。骆驼虫全身长满了毛，在第五腹节的背面向上隆起，上面长着一对倒钩。这对倒钩可厉害着呢！待会儿你就知道了。

“拦路虎”和“骆驼虫”都是吃肉的，从来不吃素，靠捕食小昆虫和小动物为生。“拦路虎”飞得非常快，跑得也非常快，它当然可以很方便地捕捉到食物了，可是骆驼虫呢？骆驼虫不会飞，爬得也慢，而且只能待在洞穴里，所以只能采取“守株待兔”的捕食方式。骆驼虫在捕食的时候，会爬到洞口，用背部的倒钩来钩住洞壁，固定好身体，将一对上颚露出洞外，当小虫爬过它的洞口时，就会突然发动袭击，咬住小虫并拖进洞里。这种捕食方法当然不会捕到很多猎物，所以骆驼虫难免有时饿肚子，于是聪明的骆驼虫想出了一个引诱猎物的方法。它模仿小草被风吹动的样子，轻轻地摆动露出洞口的上颚和触角，一旦那些喜欢吃草的猎物过来，很可能就会成为它

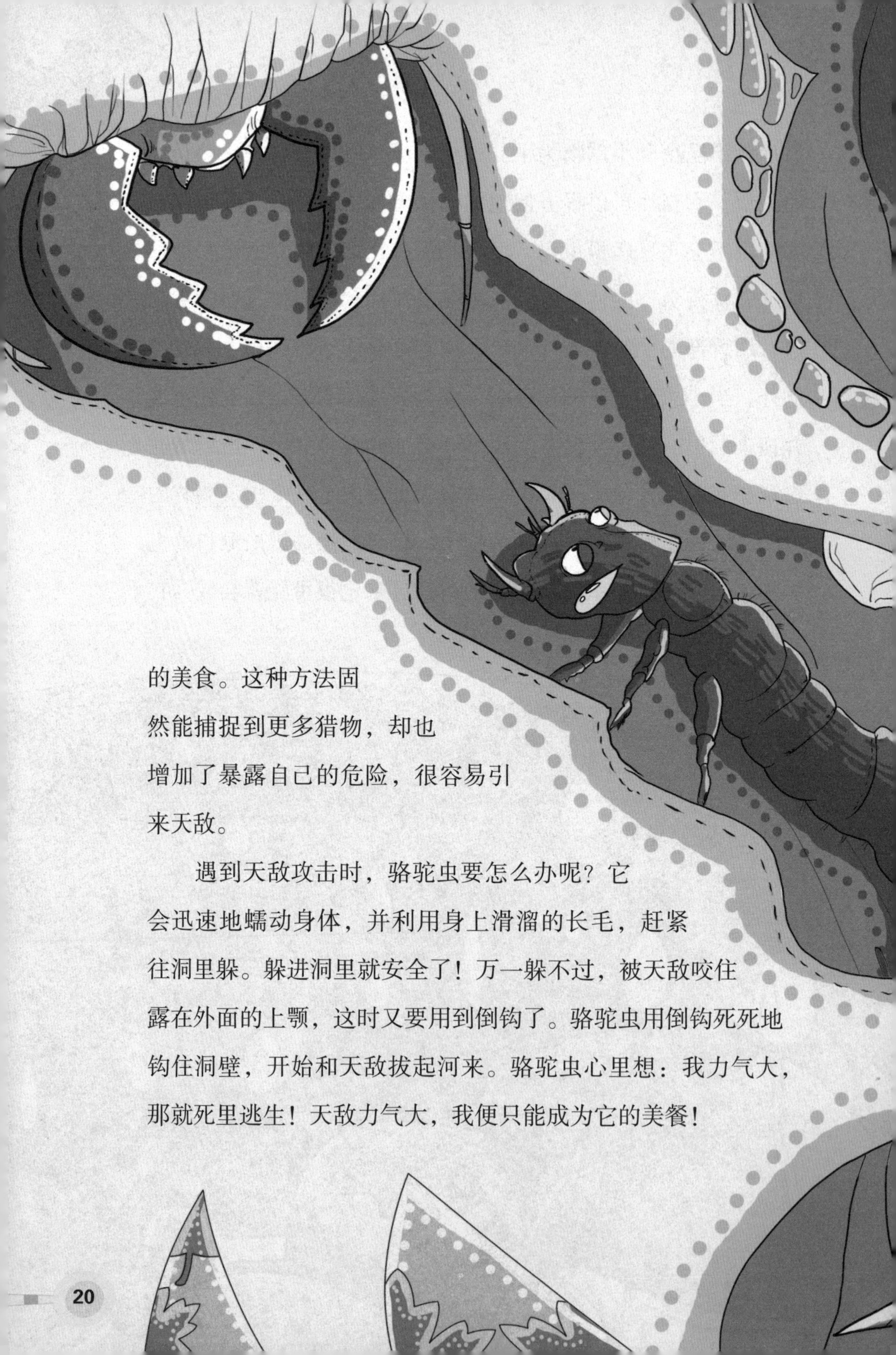

的美食。这种方法固然能捕捉到更多猎物，却也增加了暴露自己的危险，很容易引来天敌。

遇到天敌攻击时，骆驼虫要怎么办呢？它会迅速地蠕动身体，并利用身上滑溜的长毛，赶紧往洞里躲。躲进洞里就安全了！万一躲不过，被天敌咬住露在外面的上颚，这时又要用到倒钩了。骆驼虫用倒钩死死地钩住洞壁，开始和天敌拔起河来。骆驼虫心里想：我力气大，那就死里逃生！天敌力气大，我便只能成为它的美餐！

骆驼虫的幼年时期结束后，它就在洞底的旁边再斜着挖一个洞，在这个斜洞里变成蛹，最后破蛹成……不是蝶，而是“拦路虎”。哈哈，虎甲虫终于真正长大了，可以离开洞穴，在外面广阔的天地活动了！想去哪儿就去哪儿！不过，到了夜晚或者遇到阴雨天，虎甲虫还是要回到洞穴中的，那可是遮风挡雨、温暖的“家”啊！

火红的羽毛从哪里来

在非洲肯尼亚的纳古鲁湖，每年都会吸引十几万来自世界各地的游客，来观赏一个奇景。每天，这里聚集着许多鸟儿，鸟的羽毛从白色到粉红色，再到火红色，色彩斑斓而绚丽。就连它们的两条长腿，也是火红色的。当它们悠然站立时，远远望去，犹如一团火焰，两腿就像正在燃烧的两根火柱。当它们在湖水之上飞翔起舞时，湖水中就像浮动着一条条红色的彩练，又像红霞映在碧水之中，更像万千焰火在湖面绽放；当它们优雅地站在较浅的湖滨时，影子倒映在湖水中，好像火焰一直从湖面燃烧到了湖底。它们不时地轻轻舒展翅膀，一道道红色涟漪便在湖面上泛起。一旦这里聚集起成千上万只

这种鸟儿，满池湖水都被映照得通红，顿时变成了一片烈焰蒸腾的火海，奇幻、壮观、美丽，令人叹为观止！这个景象被称为“世界上火光永不熄灭的一大奇观”。

说到这里，你一定着急了，这美丽的鸟儿到底是什么鸟呢？它们的名字也与火有关，就叫火烈鸟。

在纳古鲁湖地区，人们对火烈鸟十分尊崇，认为它们是神鸟。有人说火烈鸟同传说中的凤凰一样，是经过烈火焚烧，然后从灰烬中重生的。

火烈鸟刚出生的时候，其实是灰灰的，一点儿也不起眼，要经过好几次换羽，才能出落成身披红色羽毛的大鸟。见到火烈鸟的人，也许会想拔下几根它那漂亮的羽毛，好收藏起来作为纪念。可他一定会失望的，因为火烈鸟的羽毛一旦被拔下来，很快就会变成白色！真是太奇怪了。不过，我们先不管它的奇怪之处。火烈鸟在换羽的时候，新长出的羽毛也是白色的。这些都说明了火烈鸟羽毛的颜色原本不是红色的，而应该是白色的。

看到这里，你一定会提出这样一个问题：是什么原因让火烈鸟拥有一身红色的羽毛的呢？科学家经过研究发现，这红色的羽毛原来是被火烈鸟吃的食物“染”红的。你一定觉得很奇怪，食物又不是染料，怎么能把羽毛染红？别急，我们先来看看火烈鸟吃的食物有什么特别之处。

所有的火烈鸟都分布在热带和亚热带地区，它们喜欢生活在咸水湖沼泽地带。咸水湖的湖水中含有比较多的盐，在强烈阳光的照射下，会生长出很多暗绿色的螺旋藻。螺旋藻中含有一种特殊的叶红素，而火烈鸟主要的食物就是这种螺旋藻。另外，火烈鸟还吃小鱼、小虾、贝类等，这些食物里也含有大量的色素，比如类胡萝卜色素。火烈鸟吃了这些食物，其中的色素就存在了身体里，特别是羽毛里。日积月累，火烈鸟的羽毛就被“染”红了。

火烈鸟的羽毛被拔下来会很快变成白色，就是因为羽毛没有了色素的来源。

火烈鸟不只有独特的羽毛，长相也很独特，长着长长的脖子和长长的腿，长喙像镰刀一样。它的头部像鸭子，脚掌上长有蹼，羽毛能防水，这些也像鸭子，可是它的胸腹部又很像鹳。再加上一些其他原因，这可给鸟类学家提了一个难题，因为他们不知道该把火烈鸟分到

哪一类里。后来，鸟类学家干脆为火烈鸟单独划了一个目——火烈鸟目。

火烈鸟已经长得很漂亮了，但它们还不满足。为了让自己变得更漂亮，火烈鸟在白天会花很多时间来整理羽毛，这比其他水鸟多得多，有时甚至会占到它们白天活动时间的30%。科学家们还发现，火烈鸟不仅仅是在整理羽毛，还给自己“化妆”呢。

在火烈鸟的尾部有一个腺体，能分泌一种油脂，里面含有类胡萝卜色素。所以，火烈鸟在整理羽毛的时候，会用嘴把这种油脂刮下来，涂在羽毛上，不仅让羽毛防水，还能让羽毛保持鲜艳的红色。

这个涂抹“染料”的过程要花费很长时间，但为什么火烈鸟依然乐此不疲呢？原来，它们“梳妆打扮”得越频繁，羽毛的颜色就越亮丽鲜艳。如果它们懒得“梳妆”，身体的颜色就会逐渐变淡。而对于火烈鸟来说，身体的红色越鲜艳，说明身体越健壮，就越能吸引异性。瞧，火烈鸟可真是“好色之徒”啊！

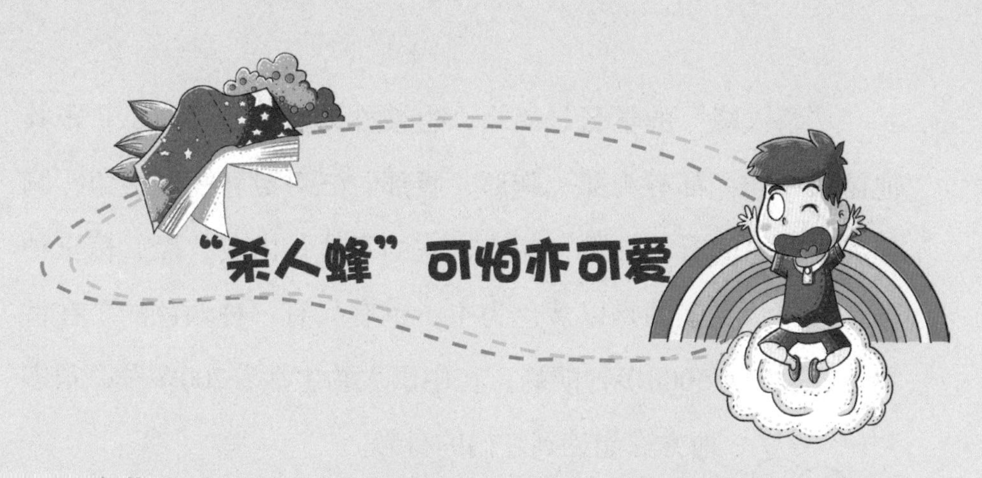

“杀人蜂”可怕亦可爱

当你在野外时，万一看到一个看起来像朽木树皮、形状像倒放的莲蓬一样的东西，可千万不能去碰，要赶紧躲开，这是一个蜂巢。蜂巢里面有“雄兵百万”，他们的名字叫“杀人蜂”，个个凶猛无比，连猛兽飞禽也对它“敬而远之”，不敢招惹。“杀人蜂”是能杀死人的！

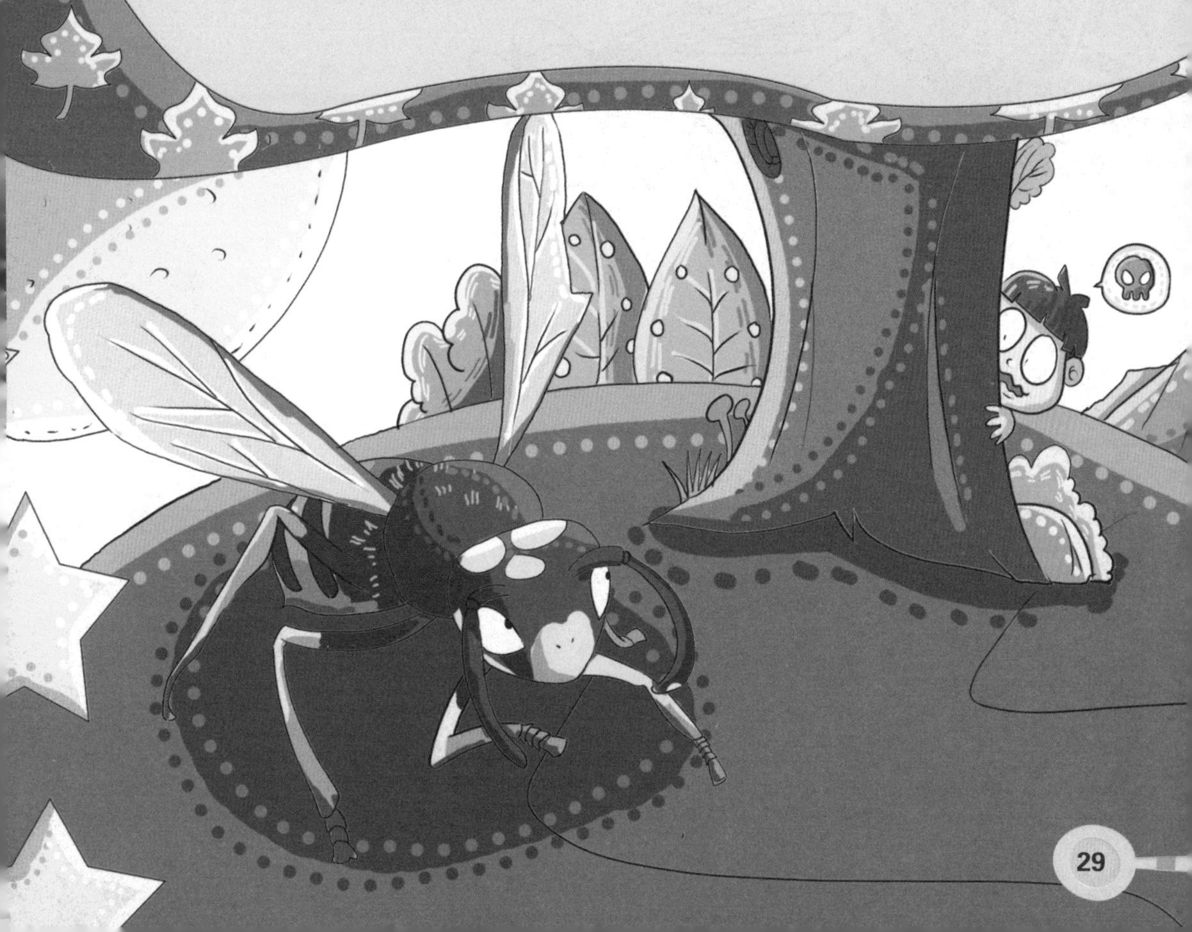

“杀人蜂”的学名是胡蜂，也被称为黄蜂、马蜂，它跟其他昆虫一样，都有头部、胸部、腹部、三对足和一对触角，胸部和腹部之间有“细腰”相连，它的身体是由黄、黑、棕三种颜色组成，更多的是以黄色为主，也有只有一种颜色的。在世界上，大约有5000多种胡蜂，在中国大约生活着200多种，很多地方都能见到它们的身影。

胡蜂喜欢一大家子生活在一起，从不会单独生活。这一大家子的“人”数相当多，能达到成百上千只。在台湾，人们曾发现过一个1.2米的超大蜂

巢，里面住了两万多只胡蜂。这么多的胡蜂共同生活在一起，自然需要一定的秩序和合理的分工，要不然还不乱套了！

在胡蜂王国，一般有一到数只蜂后专门负责产卵。还有少数几只雄蜂，只负责与蜂后交配。这两种蜂都不干活，干活的是数量最多的工蜂，要负责寻找食物、攻击敌人、照顾蜂后和蜂宝宝、筑造蜂巢……忙碌得很啊！

人们常会在树上、屋檐下看到胡蜂的巢，有时在岩石缝、草丛、灌木中也能看到，甚至有的胡蜂会在地下掘洞筑巢。每年春暖花开，胡蜂开始繁衍生息，并在老巢上“添砖加瓦”，使自己的蜂巢越来越大。

细心的人们一定会惊奇地发现，建造胡蜂巢的材质很像纸。这是纸吗？确实是纸！胡蜂从哪里弄来的纸呢？是它们自己造的！胡蜂是天生的造纸专家，它们会在树上刮下木纤维，然后嚼碎，并混入自己的口液，直到造出一个糊状小团，这就是纸了。有时，胡蜂也会直接利用纸进行再加工。原先的农村窗户上糊的是窗纸，就常常被胡蜂用来当作建巢原料。人们发现，胡蜂造纸的过程极像人类造纸的程序。胡蜂的这个本领真是令人惊叹！

胡蜂很爱自己的家，对那些胆敢侵犯自己家的敌人，绝不手软。它们会凶猛地攻击敌人，用自己的尾部毒针狠狠地去蜇。胡蜂的毒针名叫蜇针，与体内的毒囊相连，而毒囊分泌的液体有很强的毒性。一般来说，一个健康人同时被20只蜜蜂蜇中，而且救治不及时，才会有生命危险。但他只要被两三只胡蜂蜇中，就有可能丧命！

“三个马蜂蜇死一个人”，这是民间的一句话，可见胡蜂毒性有多强烈。“杀人蜂”之名名副其实！

在很多人眼中，胡蜂是一种攻击人、畜的凶猛昆虫，令人恐惧，以至于臭名昭著。人们只要见到胡蜂巢，就要想方设法把它捣毁，好“为民除害”。但这是非常片面的，其实胡蜂也很可爱。

胡蜂是食肉类昆虫，吃的食物大多是害虫，还被称赞为“植物警察”呢。胡蜂吃的害虫有很多，比如菜青虫、造桥虫、蝗虫、叶蝉等等。胡蜂的食量很大，一只大胡蜂的幼虫在发育期间，通常要吃掉5~8只菜青虫。你可以想想看，一个蜂巢有成千上万的胡蜂，又能消灭多少害虫呢？

人们发现，胡蜂能抑制很多植物害虫，如果胡蜂减少了，

某些害虫就会大量繁殖起来。这下，损失可就大了！

所以，千万不要伤害胡蜂哦！

在野外游玩时，如果遇到胡蜂巢，最好绕道而行，远远避开。一旦不小心惊扰了胡蜂，千万不要惊慌失措，拔腿就跑，要马上利用地形隐藏起来，屏住呼吸，一动不动，再慢慢用衣物包住头和脖子等露在外面的部位。即使可怕的胡蜂围着你狂飞乱舞，甚至有几只落到你的身上，也千万不能拍打反击。因为这对胡蜂来说，是带有敌意的行为，会让它们更愤怒、更凶猛地攻击你。坚持住！忍耐几分钟，等愤怒的胡蜂恢复平静，你再试探着慢慢离开这个“是非之地”。

贵比黄金的胡蜂

胡蜂可不光会蜇人致死，还能救人性命。胡蜂当药材用，可以治很多病，像理气化痰、抗癌止痛，治疗糖尿病等。胡蜂还是营养价值极高的保健品，蛋白质含量高达百分之八十多，在同样重量下，维生素A的含量超过了牛肉，维生素D的含量超过了鱼肝油，还含有氨基酸、锗、硒和对人体有益的酶等，享有“天上人参”的美誉。另外，胡蜂还是很好的化妆品。正因为如此，曾经出现过一只黄蜂卖十几元人民币的现象。

胡蜂群的形成

胡蜂群的形成和其他蜂类似，有生育能力的雌蜂和雄蜂交配后，便会成为独栖蜂，多数独栖胡蜂把自己的育儿室建在泥土里，在土中挖条隧道，里面放上捉来的昆虫，当然这些昆虫都已经被永久麻痹了。然后便在里面产卵，孵化出来的幼虫就吃那些早已准备好的昆虫。

工蜂负责筑巢，它们咀嚼那些干燥的植物，以便和口中的唾液相混合，然后吐出来，用以筑成一层层的开口朝下的巢，这些巢有的在土里，有的在树下，有的在石缝里，蜂群便形成了。

花间小天使

每年百花盛开时，无数蜜蜂像一个个美丽的小天使，在花丛中上下飞舞，不停地从这朵花儿飞到那朵花儿，好一番忙碌而繁盛的景象啊！你们一定都知道小蜜蜂在干什么，它们在采花粉和花蜜呢，然后回到蜂巢，酿造出香甜的蜂蜜。

蜜蜂和胡蜂长得非常像，它们是不是亲戚呢？是亲戚，都属于蜜蜂总科，所以二者有很多相似的地方。

蜜蜂也是群居的，一个蜂巢里有几千到几万只蜜蜂，由一只蜂后、少量雄蜂和众多工蜂组成。

在蜂群中，蜂后活的时间最长，一般可以活3~5年，最长的可以活8~9年；雄蜂只能活几个月，与蜂后交配后会很快死亡；工蜂活的时间最短，平均寿命只有45天。

一个蜂群只有一只蜂后。当蜂群越来越壮大，蜂巢会变得十分拥挤，蜜蜂就要“分家”了，老蜂后会带领一部分蜜蜂离开蜂巢，去寻找新的家。在这个交替时期，老蜂后才可能与新蜂后共同居住一段时间。在其他时期，如果出现两只蜂后，它们就会互相争斗，直到剩下一只为止。

蜂后一生都会受到工蜂的精心照顾，在产卵时受到的照顾

尤其周到。蜂后产卵后，工蜂对它的照顾就差一些。假如蜂后在产卵时想偷下懒，工蜂也会惩罚它——拒绝给它好吃的，甚至会咬它，把它赶去产卵。

蜂后产的卵孵化出幼虫后，工蜂会用蜂王浆喂养它们。但3天后，绝大多数小宝宝就吃不到蜂王浆，只能吃普通的蜂蜜了，只有尊贵的蜂后才有资格一直吃蜂王浆。

雄蜂不会采蜜，也不能防卫，除了与蜂后交配什么也不会干，吃的却很多，简直是好吃懒做！自然不受欢迎。所以在蜜源稀少的时候，雄蜂会被工蜂赶出蜂巢，然后很快冻饿而死。

蜂群中，数量最多、最忙碌的是工蜂。它们忙碌着采蜜，在采蜜前，工蜂总是先派出一些侦察蜂去寻找蜜

源，侦察蜂找到蜜源后，再回来告诉同伴们。

蜜蜂并不会说话，侦察蜂该怎样告诉它的同伴们呢？是通过嗡嗡的叫声吗？还是像蚂蚁一样靠分泌的气味呢？都不是，它们靠的是“跳舞”。根据侦察蜂不同的“舞步”，它的同伴就能准确地知道蜜源在哪儿了。如果蜜源在附近，就跳圆圈舞，反之，就跳“8”字形舞。

在一大片花丛中飞舞着的可不仅仅只有一个群体的蜜蜂，可能有好几个不同的蜂群呢。它们会为了争抢花粉、花蜜而打架吗？不用担心，它们不会打架，但也不会友好相处，而是摆出一副互不敌视、互不干扰的架势。不过，当有外来的蜜蜂侵

入蜂巢时，守卫蜂就会立即攻击外来蜂，直到侵入者被赶出去或者死掉。

哦，对了，蜜蜂的嗅觉很灵敏，能根据气味来分辨外来的蜜蜂。

忙碌的蜜蜂只有在寒冷的冬天才能休息，可是蜜蜂很怕冷，又不能像我们一样穿上厚厚的衣服，它们该怎么过冬呢？聪明的小蜜蜂想了一个好办法——蜂后带领它的臣民紧紧抱在一起，结成一个球形，天气越冷，它们就抱得越紧。这个“蜜蜂球”外面要比里面冷，为了大家都暖和，外面的蜜蜂就向里面钻，而里面的蜜蜂则向外转移。就这样，它们互相照顾，不断交换位置，抱团取暖度过寒冷的冬天。

那么，抱成团的蜜蜂怎么去吃放在蜂房中的蜂蜜呢？它们自有妙招，不需要离开球体，自己爬去取蜂蜜，外面的蜜蜂会将蜂蜜一点点地传给里面的蜜蜂。蜜蜂吃了蜂蜜后会产生热量，让“蜜蜂球”变得更温暖。

蜜蜂采花粉，能给人们酿出蜂蜜，这并不是蜜蜂最大的作用，它最大的作用是帮植物传播花粉。地球上大部分植物都靠蜜蜂来传播花粉，而这些植物只有授粉后，才能结出果实、长出种子。如果蜜蜂减少，粮食、水果、坚果和鲜花的产量也会减少。如果蜜蜂完全消失，那么需要它们传播花粉的植物也会面临绝种，接着吃这些植物的动物也会慢慢灭亡，我们还去哪儿找食物呢？

可以说，因为有了蜜蜂，我们才能“吃得饱、吃得好”，从这个方面来说，蜜蜂难道不是真正的小天使吗？

大象和人类的恩仇

脸上长鼻子，头上挂扇子，四根粗柱子，一条小辫子。（打一动物）

你能猜出这是什么动物吗？大象！我们根本不用动脑筋，就猜出来了！

大象是陆地上体型最大的动物。现在的大象有两种：一是非洲象，一是亚洲象。非洲象广泛分布在撒哈拉以南的非洲大陆，亚洲象主要生活在印度、泰国、柬埔寨和越南等

国。非洲象体型比较大，最大的公象大约重7吨，公象和母象都长着发达的象牙；亚洲象体型要小一些，最大的大约重5吨，只有公象长着象牙，母象则没有。

大象的鼻子又粗又长，看起来好像很笨拙，但其实非常灵巧，能用来做很多事情，除了像普通动物的鼻子一样用来呼吸、闻味儿，还能像人类的手臂一样，拾取、搬运东西，或者从树上采摘水果、嫩叶吃，甚至能拾取像针一样细小的东西；到了夏天，当大象需要冲凉的时候，大象的鼻子就是最好的吸水管和喷水管，先把水吸进鼻子，再喷洒在身上，那叫一个凉爽、舒服！当大象想要大扫除时，象鼻子又成了最好的吸尘器，保证把大象的全身打扫得干干净净。

大象那蒲扇一样的大耳朵，经常扇啊扇，能赶走讨厌的苍蝇和蚊子；大象耳朵的听力也很好，能听到周围的任何风吹草动，还可以听见5千米以内的水声；可是大象是著名的“近视眼”，视力非常差，对活动的东西能看到30米远，而静止的东西只能看到10米远；大象的两根象牙很长，而且非常尖锐，是大象最好的自卫武器。人们还用象牙加工成精美的工艺品、首饰等，正是因为这点，人们疯狂地捕杀大象，来获取象牙。因为人们的过度猎杀，非洲象大量减少，正面临灭绝的危险。

在野外，大象以“家族”为单位生活。“家族”里有一头大公象，若干头母象和一些小象。“家

族”的首领是一头大母象，一天中如何行动、在哪里吃东西、在哪里休息之类的事情，都要听从它的指挥和安排。大公象则要担任警卫，保卫家人，干一些杂务。

当你在文学作品中看到大象时，它往往以伯伯的身份出现，性格善良温厚，公正而慈祥。事实上，大象的性格的确是善良而温顺的，而且它很聪明，善解人意，经过训练可以学会很多技艺，能帮主人伐木、垦荒、驮人、搬运重物等，在马戏团里看到的大象，还可以表演舞蹈、吹口琴等。

大象非常重情重义，往往与主人的感情很深。比如在一个动物园里，有一头25岁的大象，因为它的饲养员退休离开了它而

非常悲伤，最后竟然绝食而死。

对待自己的同伴，大象同样情深意笃。如果象群里有一头大象生病了，其他大象就会发出友好的声音鼓励它，并竭力帮助它。如果有大象死了，其他大象都会非常难过，用鼻子抚摸尸体，并用树枝、树叶、石块把尸体掩埋起来。象群还会围绕尸体缓缓而行，就像在哀悼死者。

大象虽然温和，但是心胸狭窄，报复心极强，对待伤害过它的敌人也从不手软。传说有一次，一头大象好奇地把鼻子伸进了一个裁缝的窗户，那个裁缝正在缝衣服，顺手用针扎了一下大象的鼻子。几个月后，这头大象竟再次来到这里，在鼻子里吸满水，用水浇了裁缝一身。

大象的记忆力极好，记性可以长达60年。所以，当有人伤害了大象，即使可以暂时逃脱它的报复，几十年后，也要小心它来寻仇。很久以前，在印度孟买的郊外，一个富商为了捕捉一头幼象，不惜用枪打死了拼命保护幼象的母象！几十年后，那头幼象已经长大，并成了一个马戏团的明星，到处演出。马戏团来到了英国，在演出时，它突然发现了杀害母亲的仇人就坐在第一排！它顿时怒吼着冲过去，用鼻子卷起仇人，狠狠地摔在地上……

由此可见，那些为了象牙而去猎杀大象的人，也许在某一天，被杀害的大象的“亲人”就会找到他们，报仇雪恨！由于杀戮而获取的象牙上凝聚了太多的怨恨，或许有一天会给拥有它的人带来厄运。

自然界中的“魔法师”

在地球上，住着一种会变“魔法”的动物。它为了迷惑敌人，会经常改变自己身体的颜色，或黄或绿，或浓或淡，变化多端。它就是避役，人送绰号“变色龙”。

避役是一种奇特的爬行动物，头上长角，身上有“刺”，头顶上长着像头冠或像盔甲一样的皮褶，在腹部和背部长着并排的、颗粒状的装饰鳞。

避役主要生活在树上。在亚洲西部、印度南部和马达加斯加等地区的丛林中，经常会发现它们的身影。因为长期在树上攀爬，避役的四肢长长的，而且十分发达，即使在高低错综的树枝间，也能自由行走。避役长着短而粗的指（趾）。前肢的内侧由三指组成一束，外侧由两指组成一束。后肢则相反，内侧由两趾组成一束，外侧由三趾组成一束。这样的指（趾）就像钳子一样，能够牢牢钳住树枝。不过，当避役在地面上时，这样的指（趾）就不适合了，只能勉强行走。避役的身后拖着一条长长的尾巴，能缠卷在树枝上，使它不会从树上掉下来。

避役喜欢单独生活。每天清晨，避役睡醒后，就在树枝上把身体朝向太阳，等身体被晒暖后，就开始去找吃的了。避役不吃“素”，喜欢吃蚱蜢、蝴蝶、

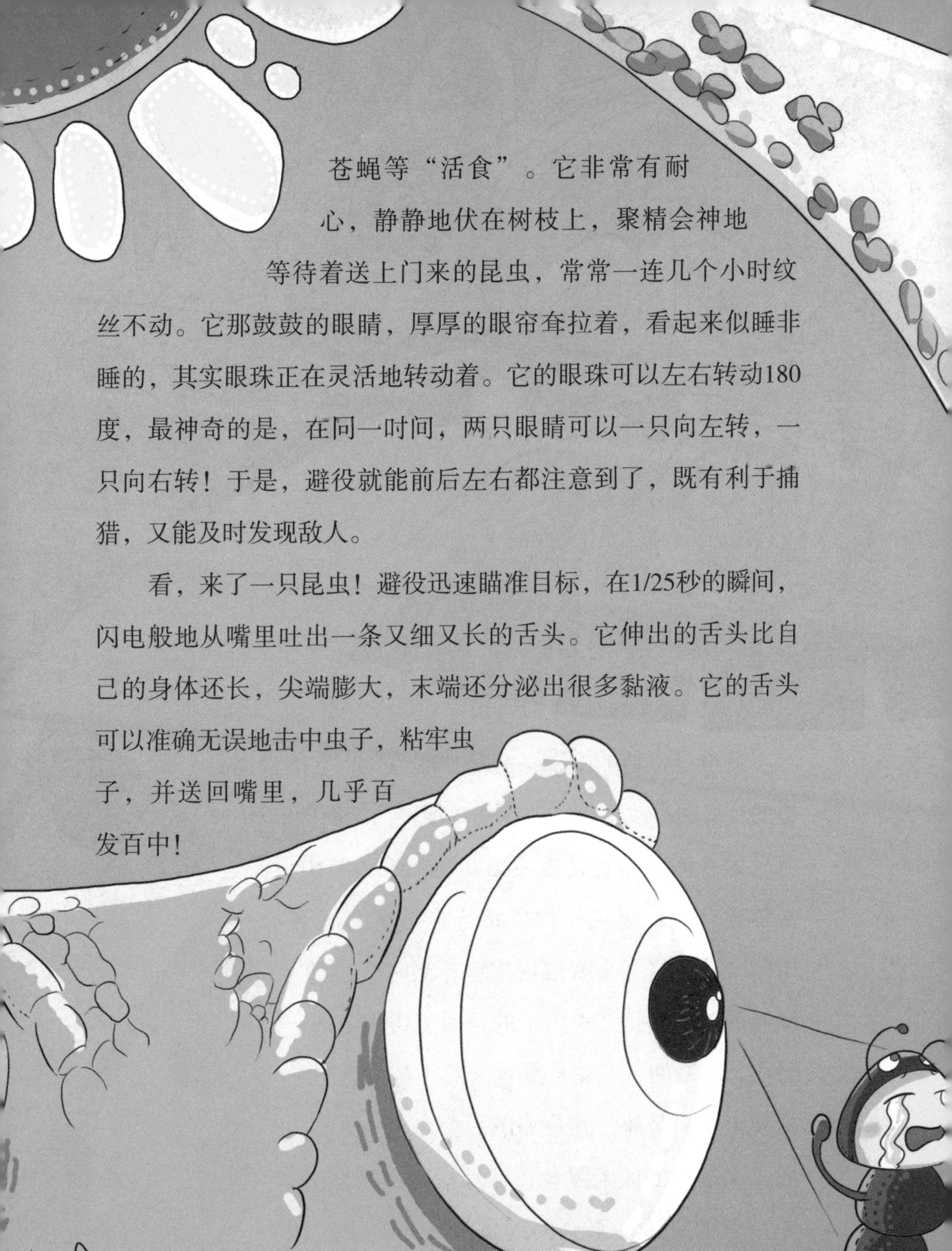

苍蝇等“活食”。它非常有耐心，静静地伏在树枝上，聚精会神地等待着送上门来的昆虫，常常一连几个小时纹丝不动。它那鼓鼓的眼睛，厚厚的眼帘耷拉着，看起来似睡非睡的，其实眼珠正在灵活地转动着。它的眼珠可以左右转动180度，最神奇的是，在同一时间，两只眼睛可以一只向左转，一只向右转！于是，避役就能前后左右都注意到了，既有利于捕猎，又能及时发现敌人。

看，来了一只昆虫！避役迅速瞄准目标，在1/25秒的瞬间，闪电般地从嘴里吐出一条又细又长的舌头。它伸出的舌头比自己的身体还长，尖端膨大，末端还分泌出很多黏液。它的舌头可以准确无误地击中虫子，粘牢虫子，并送回嘴里，几乎百发百中！

避役最奇特的本领，就是“变色”，它能根据身边的环境随时改变身体的颜色，使自己与周围的环境融为一体。当它处在枝繁叶茂的绿树丛中，身体就会变成绿色；如果趴伏在枯黄的树干中间，身体立即会变成树皮色；当它从长满绿叶的树枝上爬往大树干的黄褐色树皮上的时候，转眼间，它就从绿色变成了黄褐色。在晚上，它身体的颜色一般是黄白色；天亮后，又逐渐变成暗绿色；在灿烂的阳光照射下，它的身体甚至会闪闪发光……避役这种“随机应变”的超强本领，真不愧是动物界中的

“伪装大师”，“变色龙”之名也由此而来。

避役身体的颜色还同它的心情有关呢。科学家研究发现，当避役的领地被同类侵犯时，愤怒的避役的身体会变化出明亮的颜色，向入侵者发出警告；而遇到比较厉害的敌人侵犯领地时，恐惧的避役会马上变得苍白；如果两只避役争斗，战败的一方心情沮丧，身体的颜色会变深……

避役这种变色的本领，有些鱼类、昆虫也有，但避役的变色本领无疑是最高超的。这是因为避役的身体就像一个大大的色彩库，有许多特殊的色素细胞和黄色细胞，同时它的表皮很薄而且是透明的，能很好地把颜色透出去。在不同的环境中，避役的神经和内分泌会发出不同的指令，

命令这些细胞或伸长或缩小，从而改变身体的颜色。

避役为什么总在不停地变来变去？它们不嫌麻烦吗？原来呀，变色是避役保护自己的一种法术。因为避役很弱小，比它强大的动物太多了，万一被敌人盯住，很难活命！为了生存，为了蒙骗敌人的眼睛，避役便练成了一身变色的本领。

但不管避役伪装的技术有多高，仍然免不了会遇到危险。这时，避役面对着敌人，会摆出一副咄咄逼人的姿态，尾巴甩来甩去，挺起脖子，张着大嘴，喘着粗气，并发出嗞嗞的声音。它还会将肺部扩张开来，使自己的身体变得很大。这种行为看起来似乎很有威胁性，但实际上呢，它只是在吓唬对方，然后伺机逃走。

变色的秘密

变色龙避役之所以能变色，正如前面所说，是因为它们有一个巨大的颜色库，这个颜色库从里到外分为三层，最深的一层是黑色素细胞组成的，第二层则是暗蓝色素细胞，最外面的一层由黄色素和红色素细胞组成。这些色素细胞可以互相交融，变幻出不同的颜色。当变色龙的神经受到刺激时便会做出反应，让色素细胞进行混融，根据刺激的类型，变出相应的颜色，就像人的眼睛遇到可能的危险时会不由自主地眨巴一样。

避役家族

避役的乐园位于非洲的马达加斯加岛，那里生活着约80种避役，占了世界避役种类的一半左右，而且还有将近60种是别的地方没有的。常见的避役身长一般是15～20厘米，但是世界上最小的避役只有3厘米长，基因测试发现，因为它们祖先的体型本来就不大，所以进化后的改变也就不是很明显。它们可以变出的颜色种类也更多、更绚烂。

会"隐身术"的昆虫

在你家花园的树木或草丛中，也许有一种昆虫在这里已经潜伏了好多年，但你却从来没有看到过它们，即使你仔细地去寻找，也不能发现它们。难道它们很小吗，小得让你发现不了？不，它们其实挺

大，比我们常见的蝉、苍蝇、蜜蜂等昆虫都要大得多。它们是地球上最大的昆虫，最大的有30多厘米长！那我们为什么看不到它们呢？难道它们会隐身术？

这种昆虫名叫竹节虫，也是动物界中有名的“伪装大师”。竹节虫的外形像极了树木的细枝或细长的竹枝，身体的颜色主要是绿色和黄褐色。当它们趴在植物的枝条上，模仿树枝或竹枝，不仅形状和颜色惟妙惟肖，连细节都非常逼真。有的竹节虫能伪装成一块树皮，为了更逼真，还要添上一点青苔。有的竹节虫停在竹枝上休息时，还会将中、后胸的足伸展开，并不时微微抖动几下，好像竹枝受到微风的吹拂在摆动呢。

竹节虫的样子还能根据它的生存环境而略有改变，身体的颜色也会改变，比如当温度下降时，它的颜色会变暗，温度升

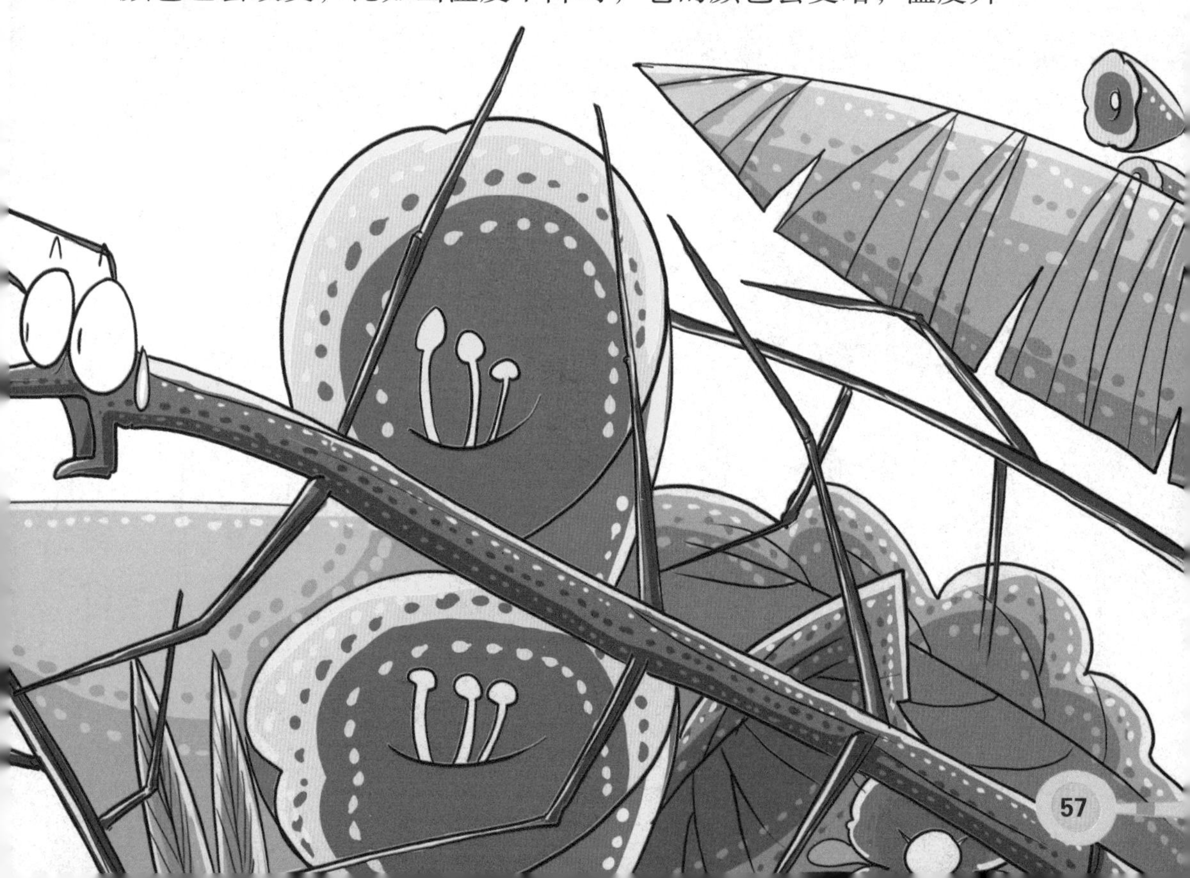

高时，它的颜色又会变浅。

竹节虫伪装的本领是如此高超，就连自己的同类也会被骗。比如，一只竹节虫伪装成了树叶，另一只竹节虫过来了，还以为是真正的树叶呢，便咬了一口。

也许有一天你在外面玩的时候，顺手去拿一根树枝，却发现树枝突然动了，迅速从你手边逃开。不要惊讶，它是伪装成树枝的竹节虫！

竹节虫趴在植物的枝条上，只要它不动，即使就在人或其他动物的眼前，也很难被发现，这样它就很安全了。可是它一旦动了，被发现的可能性就会大大增加。因为它的天敌大多对运动的物体十分敏感，即使它的模样装得再像树枝或竹枝，只要一动也会引起天敌的注意，从而暴露自己，招来灭顶之灾。

竹节虫肯定也很清楚这一点，所以都是在晚上活动，吃东西也安排在晚上，白天则尽量不动，静静地伏在竹枝或者树枝上。

要是万一被敌人发现，竹节虫还有保命的招数。有的竹节虫会从高处迅速落到地上，与地上的枯枝败叶混在一起，然后一动不动地装死，于是再次成功“隐身”。那些有翅膀的竹节虫（并不是所有的竹节虫都有翅膀哦）受到侵犯时，会突然起飞，翅膀也会突然闪动起彩光，敌人受到迷惑，竹节虫则趁机迅速逃走。不过，这种彩光只是一闪而过，当竹节虫降落并收起翅膀后，彩光就消失了。许多昆虫在逃跑时也会使用这种方法，这叫“闪色法”。

如果竹节虫不幸落入了敌人手中，它还有最后一招。它会毫不犹豫地挣断肢节，并迅速逃跑。你或许会为断肢的竹节虫担心，其实不用担心，竹节虫的肢节是能够再生的，断足不久就能重新长出来。

竹节虫的伪装是为了逃避天敌，那它的天敌有哪些呢？鸟儿们喜欢在树叶间寻找竹节虫；蜘蛛会在树杈间织网，试图网住竹节虫；蝙蝠也在利用它独特的“回声定位系统”，搜索竹节虫；蜥蜴和鼠类也是它们的天敌。在各种天敌的穷追围堵之下，在几百万年的进化过程中，竹节虫被迫不断完善自己的伪装本领和招数。

竹节虫尽管有高超的伪装本领，但仍能被发现、被吃掉，为了更好地繁衍，雌竹节虫的产卵量往往都很大，一次产的卵少则几十枚，多则1000多枚。一只北美洲竹节虫产的卵简直太多了，卵落下的声音竟然淅淅沥沥，犹如密集的雨声。

竹节虫的卵很大，看上去很像植物的种子。瞧，当竹节虫还是卵的时候，就显出了伪装天性！有些蚂蚁就常常被骗，把它的卵当成食物搬来搬去，成为帮竹节虫扩散卵的“义工”。

竹节虫的卵要经过一两年才能孵化，刚孵出的幼虫和成虫长得很像。幼虫再经过几次蜕皮，才能成为成虫。成虫只能活3~6个月，但饭量很大，而且终生吃植物，尤其到了繁殖季节，无数竹节虫的大肚量会毁掉大批树木，甚至吃光所有的树叶，这时它们便转去吃庄稼。所以，竹节虫是著名的害虫，还得到了“森林魔鬼”的称号。

为蚊子正正名

每当天气暖和时，蚊子便不断在我们身边出没，趁人不注意，便叮上一口，吸走一些血，并留下一个发痒、红肿的包。在60多亿地球人的一生中，没有被蚊子叮咬过的人，恐怕没有几个。人们对蚊子深恶痛绝，把它列为四大害虫（蚊子、苍蝇、老鼠、蟑螂）之一。

蚊子生活在世界各处，最喜欢居住在炎热潮湿的地方。我

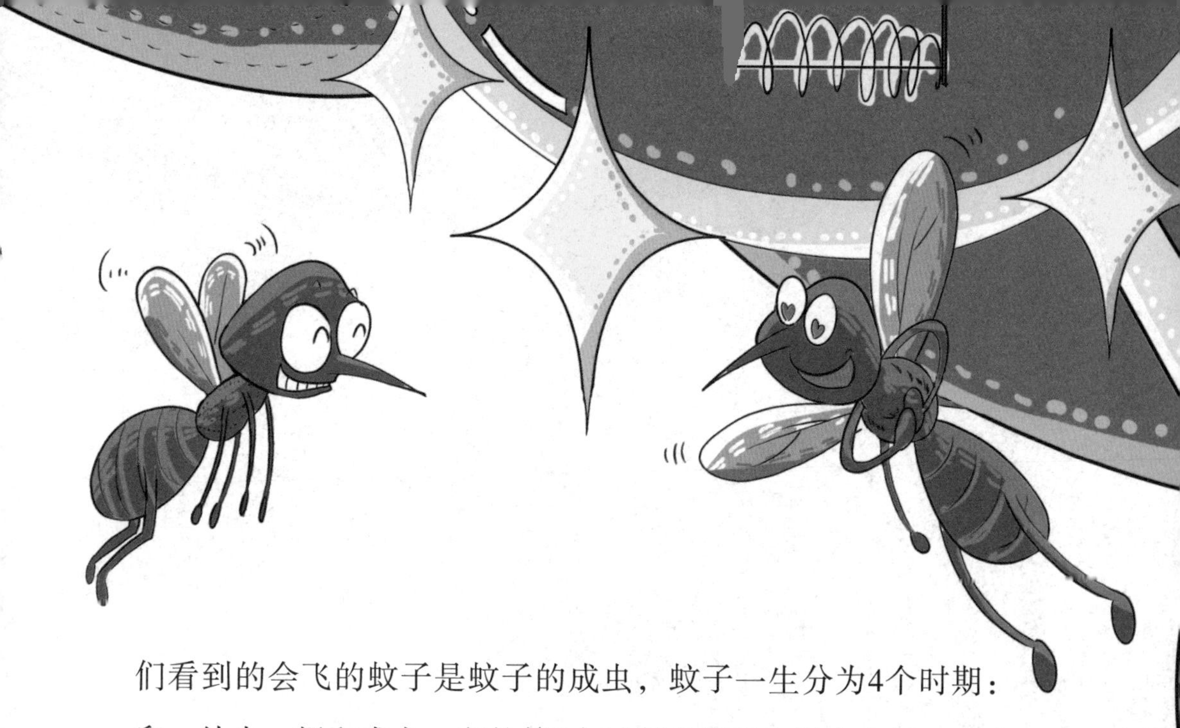

们看到的会飞的蚊子是蚊子的成虫，蚊子一生分为4个时期：卵、幼虫、蛹和成虫。它的前3个时期必须要生活在水里，成虫则生活在陆地上。

夏天，如果在清晨或傍晚到外面散步，经常会看到很多蚊子聚在一起上下飞舞，它们是在开派对吗？这其实是雄蚊在集体示爱，雌蚊看到群舞的雄蚊，就会飞进“舞池”，与雄蚊交配。

交配后的雌蚊会立刻离开这里，去寻找吸血的对象。如果雌蚊不去吸血，它的卵巢就不能发育好，卵子也不能发育成熟，因为只有血液中一些成分才能让雌蚊的卵巢发育、卵子成熟。所以，雌蚊吸人的血，并不是对人不友好，而是繁衍后代

必需的。

那么，雄蚊吸不吸血呢？它们不吸血，只吃“素”，靠吸食植物茎叶的汁液或花朵的花蜜为生。

当雌蚊找到可以吸血的人，便轻轻落在人的身上，用喙尖刺开人的皮肤。喙尖是一种嘴，在蚊子眼睛下边一点点，包括6只锐利的口针。蚊子把6只口针一齐刺进人的皮肤，为了让血液不凝结而顺畅地吸血，蚊子还会用口针给人注射自己的唾液。蚊子只需要10多秒便可以吸饱肚子，不等人发觉，它早已飞走了。这一切是如此快速，又是如此寂静！

蚊子的唾液留在人的身体里，会让人的皮肤发痒、红肿，这还不是最大的害处。之前被蚊子叮咬的人们中，也许有生病的人，所以它的口针和唾液中很可能有细菌、病毒或寄生虫，于是就把疾病传染给了下一个人。蚊子能传染很多疾病，如疟疾、脑炎、黄热病、登革热病等。1872年，在挖掘巴拿马运河时，因为蚊虫传播的黄热病和疟疾流行，无数工人丧命，到了1889年不得不停工。直到后来昆虫学家解决了蚊虫问题，才重新开工。

看到这里，你是不是更恨蚊子了呢？当你看到一只蚊子，会不会试图拍死它呢？如果你想拍死它，很可能会失望的。因为蚊子的飞行技术非常高超，不需要训练，天生就能进行各种高难度的飞行，能在你两掌合击之前的瞬间溜之大吉。科学家还发现，有一种叫伊蚊的蚊子，它在雨中飞行的时候，竟然能躲开那密密麻麻的、快速下落的雨点，身上不会沾上一滴雨点！

实际上，很多人都对蚊子深恶痛绝，认为蚊子罪大恶极，应该赶尽杀绝！于是，消灭蚊子成了人们最理直气壮的行为，就算是心肠最软、心地最善良的人，见到蚊子，也会忍不住抡起巴掌痛下杀手。

为了消灭蚊子，人们用了各种各样的办法。你一定也很希望彻底消灭蚊子吧。

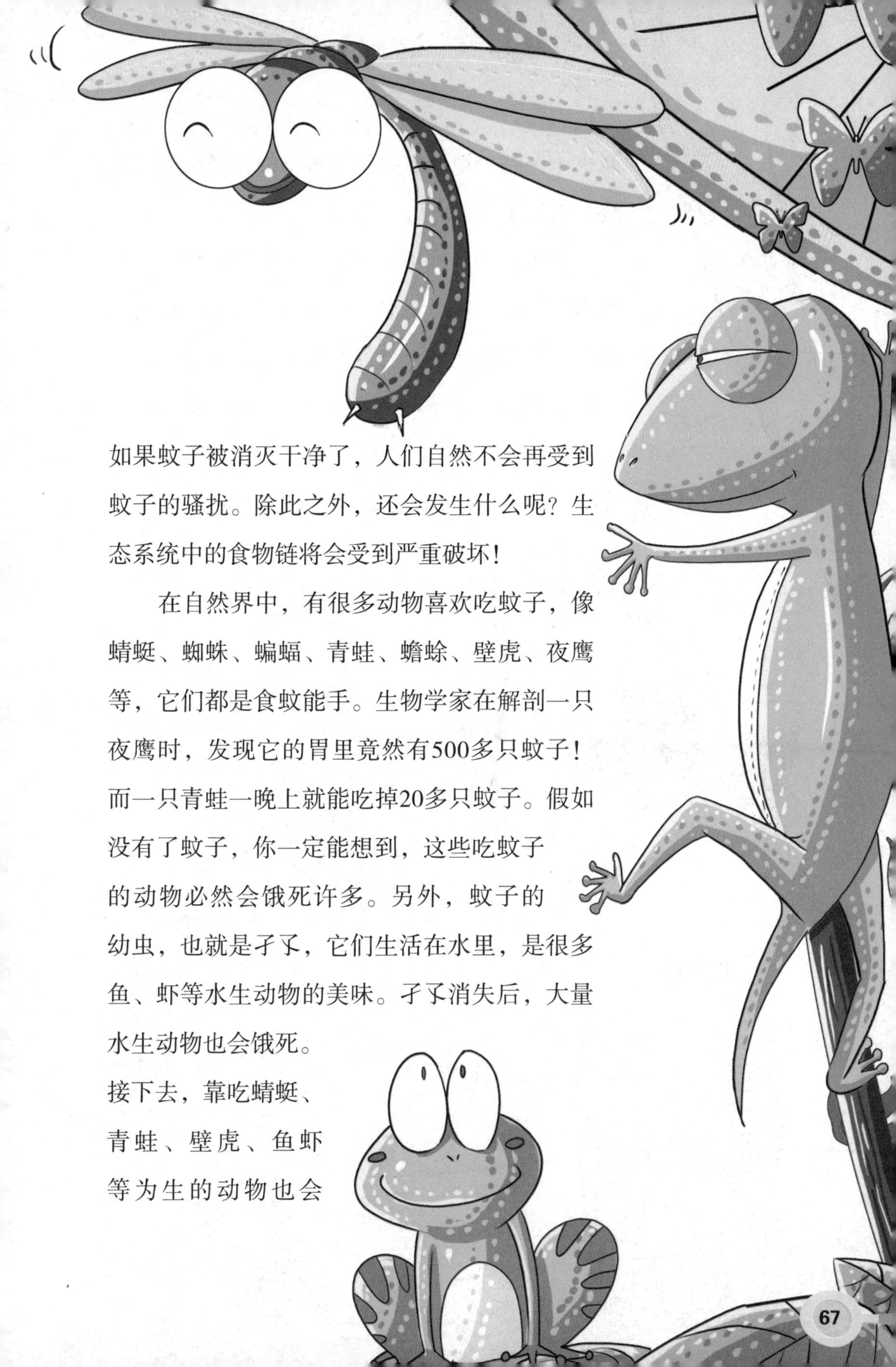

如果蚊子被消灭干净了，人们自然不会再受到蚊子的骚扰。除此之外，还会发生什么呢？生态系统中的食物链将会受到严重破坏！

在自然界中，有很多动物喜欢吃蚊子，像蜻蜓、蜘蛛、蝙蝠、青蛙、蟾蜍、壁虎、夜鹰等，它们都是食蚊能手。生物学家在解剖一只夜鹰时，发现它的胃里竟然有500多只蚊子！而一只青蛙一晚上就能吃掉20多只蚊子。假如没有了蚊子，你一定能想到，这些吃蚊子的动物必然会饿死许多。另外，蚊子的幼虫，也就是孑孓，它们生活在水里，是很多鱼、虾等水生动物的美味。孑孓消失后，大量水生动物也会饿死。

接下去，靠吃蜻蜓、青蛙、壁虎、鱼虾等为生的动物也会

减少……整个地球将会出现可怕的连锁反应！最终，人类还能独自活下去吗？

说了这些，并不是为了让你去保护蚊子，只是为了给蚊子正一下名，让你不要对它存有太多偏见。蚊子在地球上已经存在了亿万年的时间！这么长时间，蚊子都没被消灭，反而生生不息，越活越自在，显然有过硬的生存本领。蚊子的存在，自然有它存在的道理。

海洋里的“星星”

星星不是挂在天上吗，怎么会跑到海洋里去呢？难道是星星陨落了？而到过海边的人应该很快就会明白，此“星星”非彼星星，它指的是一种动物，名字叫海星。

海星主要生活在浅海海底的沙地或礁石上，常常会被海浪冲到海滩上，所以去过海边的人一定见过它。海星外形很像五

角星，一般有5条腕，有的也有4条或6条腕。海星身体的颜色十分鲜艳，大多是鲜红色、深蓝色、橙色、玫瑰色，有的海星身上还点缀着美丽的条纹和斑点。从它的长相上看，难道不是美丽的星星吗？

有的人还把海星叫作星鱼，那么它是鱼吗？星鱼不是鱼，它属于棘皮动物，表皮上生有密密麻麻的棘刺。棘皮动物是比鱼类更加古老的动物，在地球已经存在了5亿多年。

海星长得非常奇特，它有一张嘴，长在身体的下面。它还有一个肛门，长在身体的上面。奇怪的是，我们竟然找不到它的头！对这个问题，科学家们也曾经感到非常奇怪，还对此进行了深入的研究。经过观察，科学家们惊讶地发现，海星有一个腕与其他4个腕明显不同，这个腕看起来特别活跃，总是不停地伸缩。原来这就是海星的“头”，它会把得到的信息，通过神经系统传递到全身，也会通过神经系统来支配其他器官。

海星还具有一个神奇的本领，它会换头！当海星受到攻击，如果失去了“头”，海星也不会死，

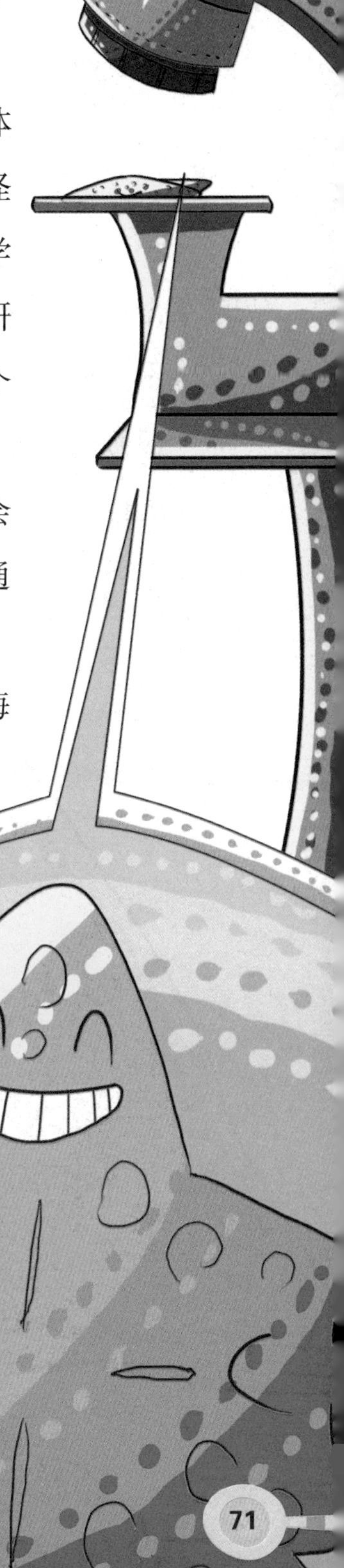

仍然能活得好好的，因为它还有好几个备份的“头”，也就是其他的腕。其中一个腕会迅速变成“头”，接替原来“头”的所有工作。

海星是怎么在水底移动的呢？也许有的人会认为，是用它长长的腕。其实不是，海星移动靠的是每条腕下部的管状足。海星每条腕的下部中央都有一条沟，沟里有成百上千个管状足，每个管状足的末端有吸盘。靠着管状足的蠕动，海星可以缓慢地爬行。管状足还能牢牢地吸附在岩石上，即使是狂风巨浪也对它无可奈何。

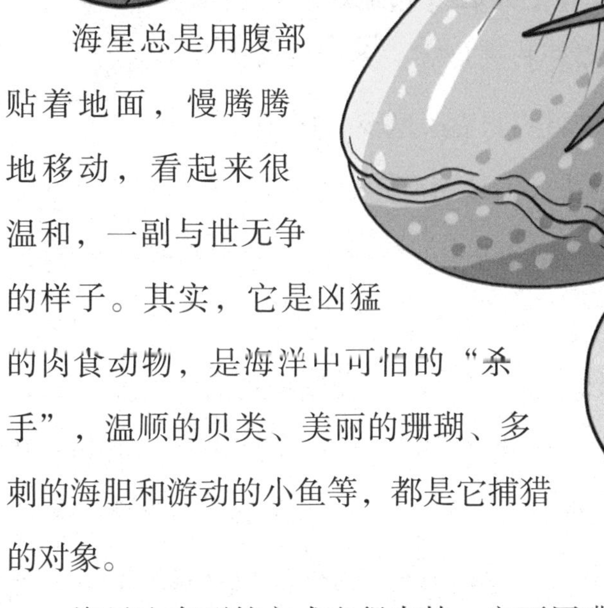

海星总是用腹部贴着地面，慢腾腾地移动，看起来很温和，一副与世无争的样子。其实，它是凶猛的肉食动物，是海洋中可怕的“杀手”，温顺的贝类、美丽的珊瑚、多刺的海胆和游动的小鱼等，都是它捕猎的对象。

海星吃东西的方式也很奇特，它不用嘴吃，而是把胃从嘴里吐出来，包裹住食物，利用消化液把食物溶解，然后吸收进身体里。

贝类有坚硬的外壳，虽然美味，但很多动物都对它无从下嘴，海星却能很轻易吃掉贝类。当海星发现贝类之后，便用活动的腕捉住贝类，然后调整贝类，使壳顶朝下。接着，海星用它有力的腕和管状足把贝壳打

开，最后从嘴里翻出胃，伸进贝壳里，开始慢慢地享用美餐。海星只需要打开贝壳一条细缝就可以了，因为它的胃能钻进直径只有0.2毫米的小孔。

海星的力气非常大，而且有惊人的耐力。有人曾做过实验，一只海星用两夜一天的时间打开了一个非常结实的模拟贝类。

海星是没有眼睛的，那它是怎么寻找食物的呀？是靠它长长的腕吗？其实不是。科学家研究发现，海星浑身上下都安装着“监视器”。海星外表的棘皮上长着许多微小的晶体，每个晶体都能发挥眼睛的作用，可以同时观察各个方向的情况，如果有猎物出现在它附近，它能很容易地“看”到。

海星的食量很大，经常会偷吃渔民养殖的贝类、小鱼等，所以渔民非常讨厌它，视它为大敌。渔民捉住海星，会狠狠地把它切碎，再扔进海里。可是，这样不但杀不死海星，反而帮了它一个大忙。因为海星有极强的再生能力，每一个碎块都能长成一个完整的新海星！对于人和很多动物来说，断胳膊断腿都是一场惨剧，对海星来说却只是一件无所谓的小事。

海星很会利用它的再生能力。当它遇到敌人袭击时，会毫不犹豫地挣断腕，然后迅速逃脱。逃走后的海星，不久就能长出新的腕，新长的腕要比原来的小，看起来有点畸形。至于它挣断的腕，甚至也能长成一个新海星。

棘皮动物

海星属于棘皮动物。这一形象的分类名称主要是因为这类动物坚硬的外皮上生着很多疙瘩或者刺。棘皮动物是海洋无脊椎动物，有约2万种，我们平时常见的有海星、海参、海胆等。早在距今6亿年前的寒武纪，棘皮动物便出现了。棘皮动物幼年时呈两侧对称生长，成年后变为对称辐射状，以朝5个方向辐射的较多。它们有发达的体腔，而且体腔的一部分会演变成水管系，来完成移动、捕食、呼吸和感觉等功能。

海星的繁殖

海星的繁殖很快。它们的繁殖不需要雌雄交配，而是在海水中完成。雄海星和雌海星各自把自己大量的精子和卵子排在海水中，它们在海中相遇受精，诞生出一个个新生命。产卵后的雌海星还会竖起自己的腕，保护在里面孵化的受精卵，其温柔的凶猛完全不同于它们捕食时的凶猛。孵化出的小海星随着海水四处漂流，捕食浮游生物，慢慢长大。

森林里的“歌唱家”

清晨，一阵高亢嘹亮的歌声，打破了森林的寂静。“呜喂，呜喂，呜喂，哈哈哈……”音调越来越高，气势磅礴，震动山谷，很远的地方都能听到。接着，其他的歌声也

加入进来，森林里顿时喧闹起来。真讨厌！这是谁呀？一大早的扰人清梦！动物们都被吵醒了。

这个“讨厌”的歌者是长臂猿。长臂猿很会唱歌，算得上是哺乳动物中的“歌唱家”，非常喜欢鸣叫。在它喉咙的部位，长着一个喉囊，又叫音囊。长臂猿在喊叫时，它的喉囊可以胀得很大，从而使喊叫声特别嘹亮。长臂猿很喜欢在清早“唱歌”，一位英国学者通过观察发现，打破清晨寂静的第一个歌者总是长臂猿！

关于这一点，我们还有诗为证。唐朝诗人李白写道：“朝辞白帝彩云间，千里江陵一日还。两岸猿声啼不住，轻舟已过万重山。”这首诗的第三句正说明了：长江两岸的长臂猿，在早上便已开始了啼叫，而且啼叫个不停，啼叫声能传到很远的地方。

也许有人会觉得长臂猿太吵，但在动物的叫声中，它们的叫声却是最优美、最特殊的声音。利用这些声音，长臂猿可以向同类传递很多精确的信息，它们可以把一个个不同的“音符”联结成一串，表达一种意思，它的同类能理解它的意思，并且会用叫声回应它。语言学家把这种方式叫作“句法”，这是所有语言的基础。

看到这里，你一定知道了，长臂猿极其聪明！或许只比我们人类差一点点呢。事实上，长臂猿的确与人类有很近的亲缘关系，它是一种类人猿，与猩猩、大猩猩和黑猩猩一起被称为“四大猿”。

长臂猿因为手臂特别长而闻名。它虽然体形纤小，站起来身高还不到1米，但两只手臂

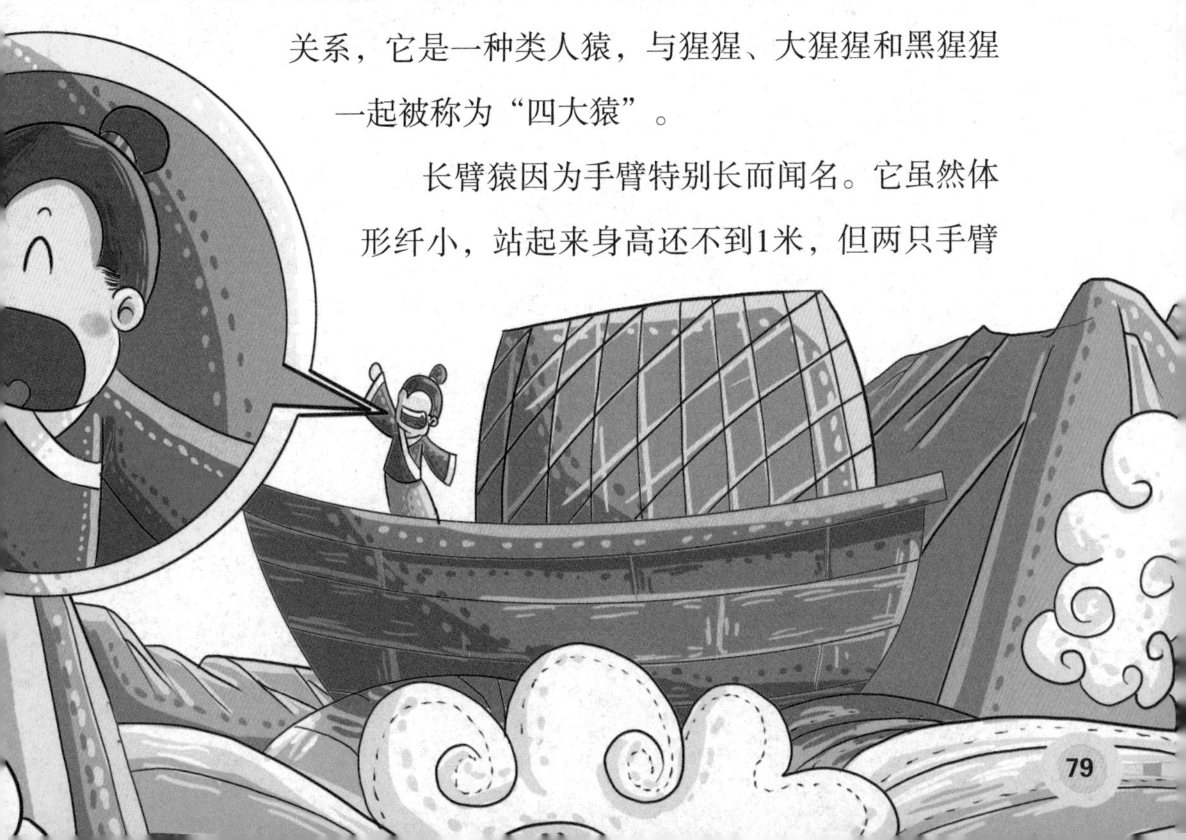

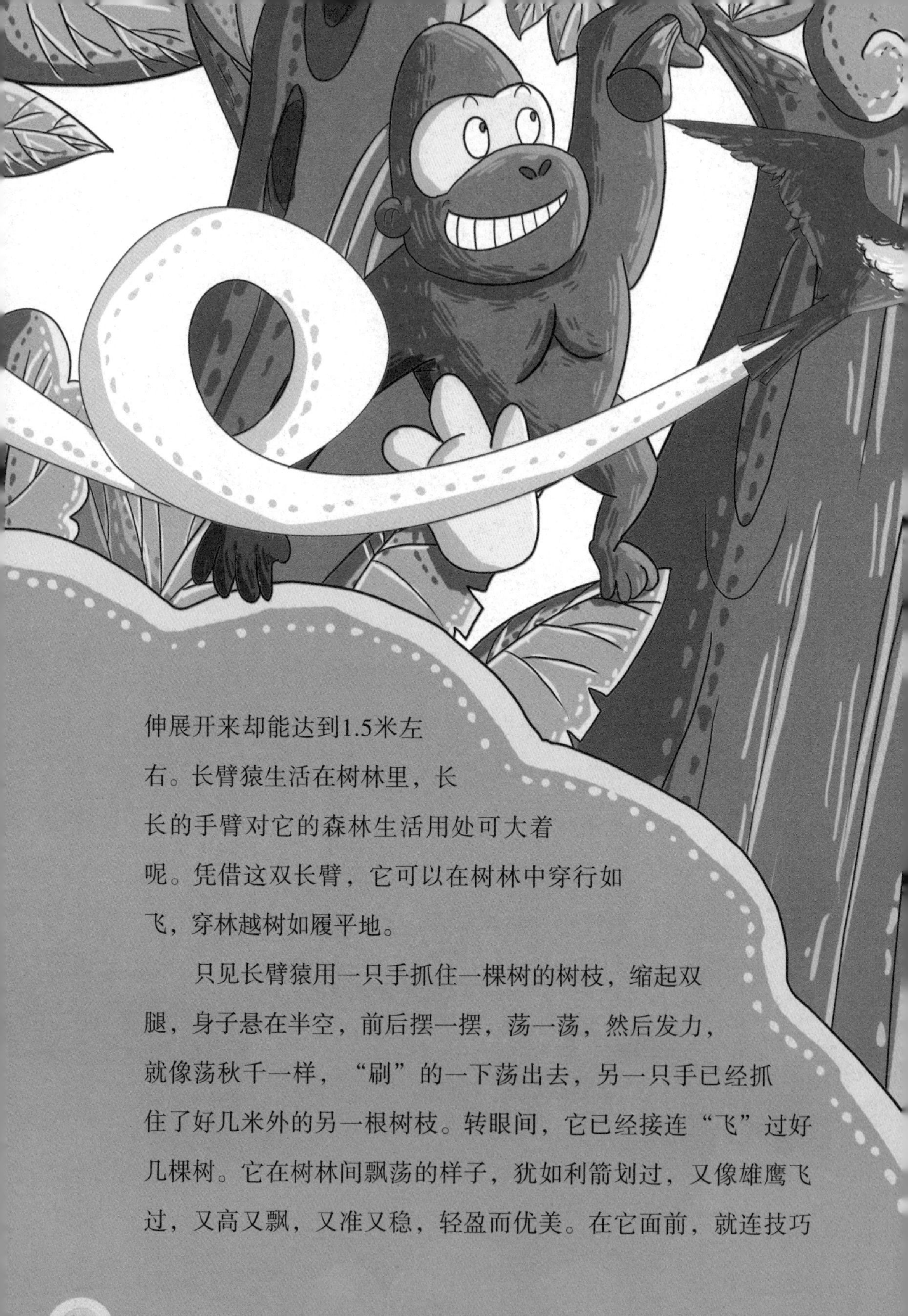

伸展开来却能达到1.5米左右。长臂猿生活在树林里，长长的手臂对它的森林生活用处可大着呢。凭借这双长臂，它可以在树林中穿行如飞，穿林越树如履平地。

只见长臂猿用一只手抓住一棵树的树枝，缩起双腿，身子悬在半空，前后摆一摆，荡一荡，然后发力，就像荡秋千一样，“刷”的一下荡出去，另一只手已经抓住了好几米外的另一根树枝。转眼间，它已经接连“飞”过好几棵树。它在树林间飘荡的样子，犹如利箭划过，又像雄鹰飞过，又高又飘，又准又稳，轻盈而优美。在它面前，就连技巧最高超的高空杂技演员也自叹不如。

可是，长臂猿一来到地上，样子却显得非常笨拙。如果你看到过长臂猿在直立行走，就会发现，它的双腿又短又弱，长长的手臂可以耷拉到地上，所以只好高高举起，真跟举手投降没什么两样，而且它走起路来东倒西歪的，简直太好笑了！

长臂猿不但长相和人类很接近，身体结构、生理机能和生活习性也和人类很接近。例如长臂猿没有尾巴；和人类一样都有32颗牙齿；胸部有一对乳头；大脑很发达；细胞中的染色体数目也和人类相近，有22对，只比人类少一对……有趣的是，长臂猿的血型和人类一样也可以分为A型、B型和AB型，不过还没找到O型血的长臂猿。

跟人类一样，长臂猿感情非常丰富，它们的动作和行为就像幼稚的小孩一样，还会经常搞恶作剧。当看到自己的同伴受

伤、生病或者死亡的时候，它们会很难过，在相当长的时间里，没有心情玩闹，也没有心情“唱歌”。

长臂猿不喜欢一大群住在一起，而是像人类一样，是以家庭为单位生活的。在一个家庭中，有一个妻子和一个丈夫，以及它们的宝宝。小长臂猿长大后会离开家，去开始自己的生活，并组织自己的家庭。

每个长臂猿家庭都拥有一片不太大的、固定的领土，它们不允许家庭以外的长臂猿侵入这片领土。为了保护自己的领土，很多动物会发生激烈的争斗，长臂猿却不这样。如果发现有外来者进入了自己的领土，长臂猿就会大声喊叫、大声唱歌，以此发出警告，让外来者赶紧走开。

在长臂猿的家庭生活中，长臂猿的歌声非常重要。首先，雄性长臂猿只有能唱好歌，才会有雌性长臂猿愿意“嫁”给它。像很多会唱歌的鸟儿一样，唱歌是为了吸引异性，并留住伴侣，雄性长臂猿在寻找伴侣时，必须不断地歌唱。因为雌性长臂猿认为，雄性唱歌越动听，身体就越强壮，头脑也越聪明，还能给它提供更多、更好的水果。

每天清早，长臂猿夫妻就开始了它们的二重唱。一般在太阳升起之前，丈夫就开始唱歌了，接着是妻子。妻子会表现得更活跃，而且富有戏剧性，它会把枝条折断，一边跳舞，一边

唱歌，直至唱到一连串高亢的“音符”，把气氛推到最高潮。妻子的歌声有时会吸引附近单身的雄性长臂猿前来，并在附近跃跃欲试。这时，丈夫会怎么办呢？就像你想的那样，它会更加频繁地唱歌。

可是，长臂猿高昂悦耳的歌声也有害处，可能会给它们带来灭顶之灾！因为偷猎者会根据它们的歌声找到它们。因为人类的滥捕和猎杀，以及其他一些原因，长臂猿已经减少了很多。从李白的诗中，我们可以看出：唐朝时期，在长江两岸的山林中还有许多长臂猿。但现在，在那里已经找不到它们的踪影了。在以前，我国很多地区都生活着长臂猿，如今人们只能在云南和海南的森林中找到它们！

长臂猿在其他国家的境况同样令人担忧。随着人类不断开发原始森林，以及毫无道理地乱捕滥杀，长臂猿的生活范围越来越小，数量越来越少，几乎面临灭绝的危险。如果继续这样下去，也许我们就只能在图片或电视中看到长臂猿了。为了保护长臂猿，我们能做些什么呢？

小刺猬的“武器”

在以前的老北京，刺猬说得上是人们“抬头不见低头见”的老朋友了。每年夏秋季节的傍晚，花园的草丛中，公园的小路上，枯叶堆中……经常可以看到小刺猬忙碌的身影。

刺猬的头尖尖的，鼻子很长，尾巴很短，眼睛和耳朵很小，牙齿非常锋利，门牙特别长，看起来活像一只老鼠，只是

比老鼠大一些。刺猬的四条腿很短，但跑起来很快。

刺猬一般很安静，有时也会发出叫声。它的叫声还能表达自己的情绪，以及传递信息呢。当一只刺猬心情很好、很高兴时，会发出喳喳声、吱吱声或轻柔的哨声；当一只刺猬遇到危险，或身体正承受着巨痛的时候，它会发出尖叫声；当你听到刺猬咳嗽的声音，不要担心，它没有生病，它是在给其他的动物发出警告，让它们赶紧离开自己的领地或食物。

刺猬的脸上、腿上和肚子上长满了柔软的短毛，但它结实的身体上长满了浓密的刺，硬硬的，像钢针一样。如果有人想去捉它，它便立即把身体蜷成一团，成为一个刺球。这可是刺猬对付强敌的法宝，当它把身体蜷成一团，就连凶猛的野猪也拿它没有办法。

但有时候，刺猬也难逃被吃掉的厄运。比如臭鼬的屁非常臭，可以把刺猬熏得晕过去，使刺猬被迫展开身体，露出柔软的肚皮。狡猾的狐狸平时不愿意招惹刺猬，但在饿肚子时，会在刺猬身上撒尿，迫使它展开身体。獾的爪子强而有力，是唯一能用爪子撬开蜷缩成一团的刺猬的动物。

一只成年刺猬身上的刺有5000多根。这些刺实际上是毛发，为什么它们不像其他动物的毛发那样柔软呢？因为这些刺里含有一种角蛋白，让刺变得坚硬。在我们的指甲中，也含有这种角蛋白。这些刺并不是实心的，而是中空的，但都非常坚硬，你只要拿起刺猬身上的一根刺，就可以把刺猬提起来，这根刺还不会断。

为了让自己的刺更具危险性，刺猬有时会咀嚼有毒的植物，把汁液涂在刺上。有人还曾经观察过一只刺猬的“自我洗礼”：它咀嚼了一种蟾蜍的有毒皮肤，产生有毒的泡沫，然后身体扭曲着，把毒液涂在刺上。这样，它就能更有效地抵抗攻击它的敌人了。

刺猬身上的刺除了帮它防御敌人，还能帮它寻找食物呢。夏天，当人们进入梦乡时，刺猬悄悄从洞里钻出来，窜进瓜地

里，选中一个瓜后，先用牙齿咬断瓜柄，再在地上打一个滚，把硬刺扎进瓜皮中，最后翻过身来，背着瓜溜之大吉。难怪刺猬有个别名叫“偷瓜獾”呢。

除了瓜果，刺猬可以吃的东西还有很多。它们主要吃昆虫，也吃青蛙、鸟儿、老鼠和蜥蜴等。它最喜欢吃蚂蚁和白蚁，当它发现蚂蚁或白蚁的洞，会用爪子挖开洞口，然后把长长的、带有黏液的舌头伸进洞里，轻轻一转，就能获得很多美味。

刺猬甚至能吃掉毒蛇，因为刺猬尖刺的阻挡，毒蛇的尖牙没有办法刺入它的皮肤。刺猬会耐心地等待着，等毒蛇多次尝试进攻而变得疲劳时，刺猬便开始了进攻，咬断毒蛇的脊椎骨，最终吃掉毒蛇。

经过一个夏天和一个秋天，刺猬吃了很多东西，身体里储存了很多脂肪，变得胖嘟嘟的。这时天气慢慢变冷了，食物越来越难找，更重要的是刺猬特别怕冷，不能很好地调节自己的体温。为了不冻饿而死，刺猬便躲进温暖的巢穴中，开始睡大觉。这一觉可真够长的，要足足睡5个来月呢！人们把这叫作冬眠。在冬眠时，刺猬不吃任何东西，就靠身体里的脂肪来度过漫长的冬天。有些刺猬生活在沙漠中，在炎热的夏季也很难找到食物，这时它们也会开始睡觉。人们把这叫作“夏眠”。

成年的刺猬可以很好地照顾自己，但小刺猬就很难照顾自己了。小刺猬刚出生时，它们的眼睛是闭着的，什么也看不见，要完全靠妈妈来照顾。刚出生时，小刺猬的第一层刺是白色的，而且很软；出生后两三天，第一层刺脱落，长出来的第二层刺，颜色就深多了，也硬多了；小刺猬大约在出生后两周，第二层刺开始脱落，长出更硬的第三层刺，就在同时，它的眼睛也能睁开了。

小刺猬大约一个月大了，身体已变得比较硬朗，能跟着妈妈离开窝，到外面活动了。不久之后，小刺猬就能不用妈妈陪伴，独自离开窝去寻找食物了。

刺猬的样子看起来憨态可掬，而且性情温顺，很多人喜欢把它当作宠物来养。你可不要这样哟。因为刺猬非常胆小，性格很孤僻，喜欢安静，害怕吵闹，怕光、怕热，又怕惊。通过观察被关起来的刺猬，人们发现：如果周围出现噪音，刺猬的刺会立刻竖起来，并指向噪音的方向。当刺猬受到惊吓，它前额的刺会迅速竖立起来，非常警惕地注视着周围，久久不能安静。

小刺猬一旦离开野生的环境，被带进人类的家里，会发生什么呢？有人曾调查过很多养过刺猬的人，发现除了那些被放生的刺猬，其他的很快就死去了。所以，请不要把刺猬当成宠物！

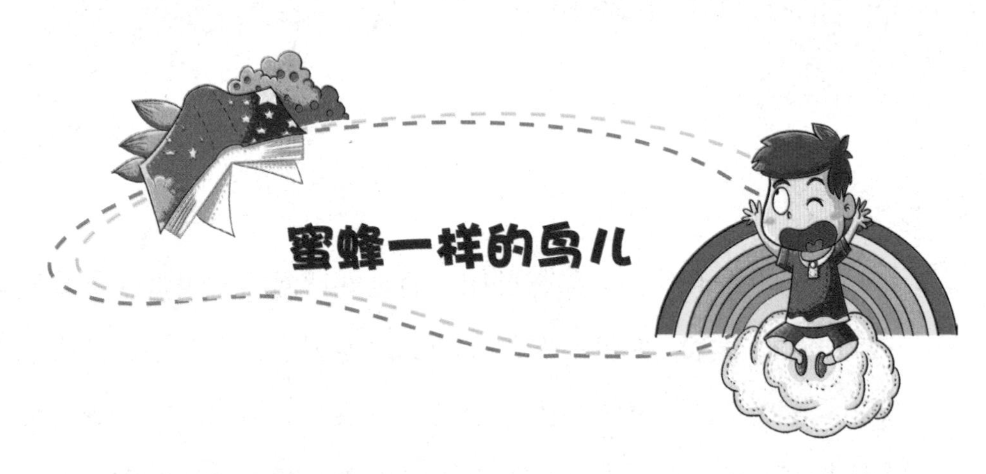

蜜蜂一样的鸟儿

如果不是亲眼所见，你一定很难相信世界上竟然有蜜蜂一般大小的鸟。但这种鸟确实存在，它就是蜂鸟。

蜂鸟是世界上最小的鸟，最小的蜂鸟名叫吸蜜蜂鸟，它的体重比一枚硬币还轻。它的喙像一根细针，舌头是一根纤细的线，能够伸缩自如；眼睛犹如两个闪光的黑点；翅膀上的羽毛非常轻薄，好像透明的；鸟爪又短又小，人们几

乎看不到。

蜂鸟不止大小与蜜蜂差不多，飞行时也像蜜蜂，会发出“嗡嗡”的响声。更有意思的是，蜂鸟吃的东西和吃东西的方式，也与蜜蜂很像。

蜂鸟主要吃花蜜，还有一些昆虫。在百花盛开、草木繁茂的季节，蜂鸟总在不停地寻找食物。在采集花蜜时，蜂鸟先用长喙分开花蕊，然后用舌头伸进花蕊，并美滋滋地吸吮花蜜。蜂鸟在吸食花蜜的同时，也帮植物传播了花粉。

由此可见，给它起名为“蜂鸟”，真是再合适不过了。

为了更好地获取食物，一些蜂鸟也是“与时俱进”的。在漫长的进化过程中，它们的喙与一些花朵配合得天衣无缝。刀嘴蜂鸟的喙很长，按照身体比例来算，是所有鸟儿中最长的，就连花朵最深处的花露它们也能吸食到。弯嘴蜂鸟的喙是弯

的，因为它们专门吸食漏斗形花朵的汁液，而这种花的开口是隐藏着的。

蜂鸟虽然很小，但长得非常漂亮。在雄蜂鸟中，绝大多数的羽毛是蓝色或绿色的，也有紫色、红色或黄色的，雌蜂鸟的羽毛要暗淡一些。有的学者认为，蜂鸟的美是用语言无法形容的，它的美超过了人们所能想象的任何一种鸟。蜂鸟浑身上下的羽毛都闪烁着异彩：头上披着细如发丝的丝状发羽，闪烁着金属光泽；脖子上长着鳞羽；腿上的旗羽闪闪发光；尾巴上长着曲线优美的尾羽。

最美丽的蜂鸟生活在西印度群岛，它小小的脑袋上长着闪闪发光的羽冠，犹如戴着一顶色彩绚丽的王冠。它的前胸装饰着彩色的羽毛装，光彩夺目。以至当它从人们面前飞过时，人们不会认为它是有生命的鸟儿，而是阳光在闪烁。

蜂鸟是如此奇特而美丽，吸引了无数猎奇者。小朋友一定也很想看一看蜂鸟吧。那你很可能不会如愿，因为在我国是没有蜂鸟的，它们只分布在美洲大陆，而且大部分生活在茂密的森林里，再加上行踪不定，很少有人见过野生的蜂鸟。对于观察者来说，只有耐心地

等待，才有可能用高倍望远镜看到它们。

蜂鸟拥有极其高超的飞行技术，它最独特的飞行技术是在采花蜜时能在花前悬停。它的一对翅膀拍击速度非常快，使蜂鸟在空中停留时不仅可以保持身形不变，而且看上去似乎毫无动作，就像直升机一样悬停着。此外，蜂鸟还能笔直地上下或左右飞行，还能倒退着飞。人们有时会看到，一只蜂鸟一动不动地停在一朵花的上空，突然又像离弦的箭一样飞向另一朵花。

这些本领都是蜂鸟所独有的，其他的鸟儿都不能像这样飞。像这样飞行消耗的体力非常

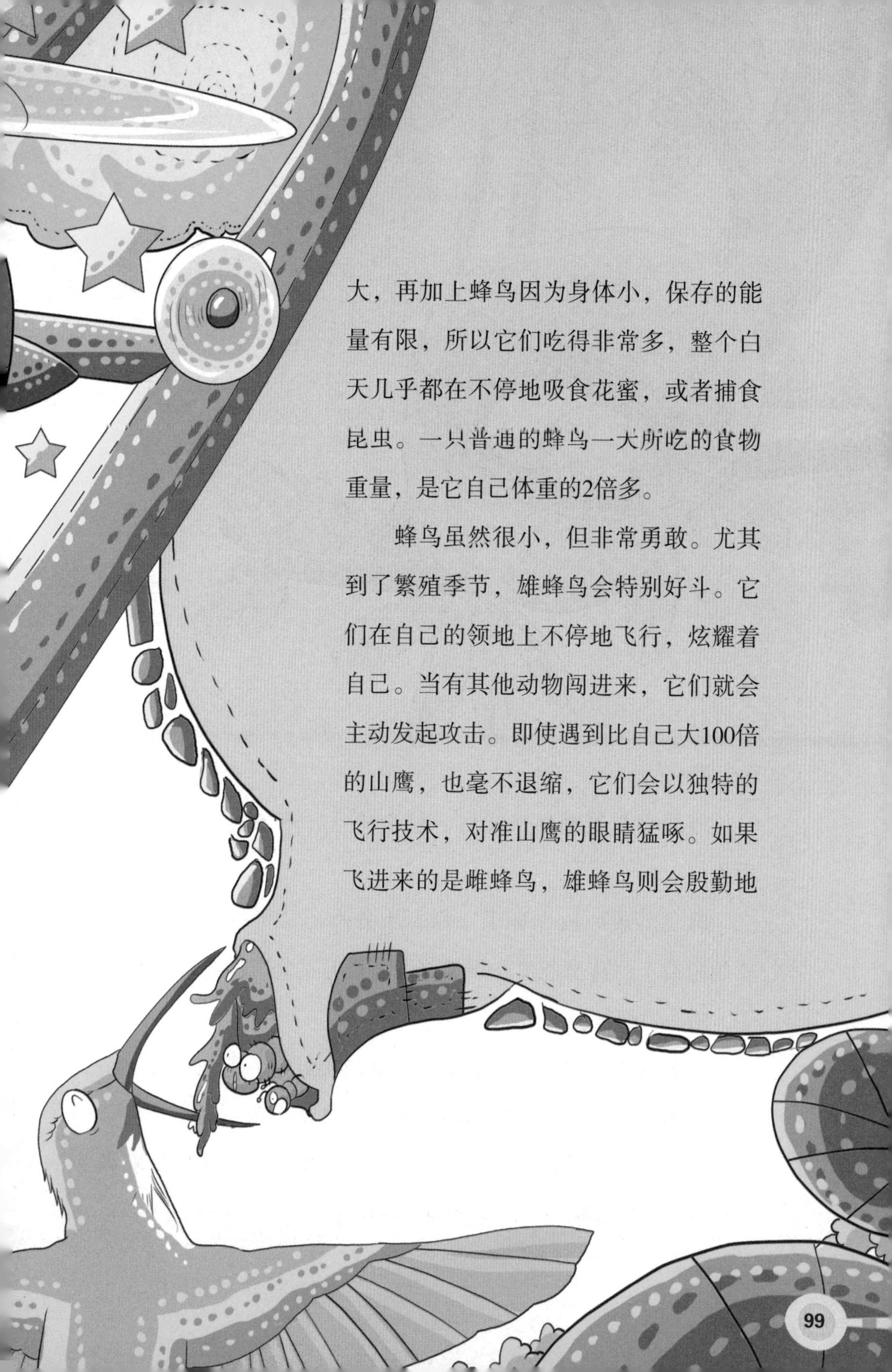

大，再加上蜂鸟因为身体小，保存的能量有限，所以它们吃得非常多，整个白天几乎都在不停地吸食花蜜，或者捕食昆虫。一只普通的蜂鸟一天所吃的食物重量，是它自己体重的2倍多。

蜂鸟虽然很小，但非常勇敢。尤其到了繁殖季节，雄蜂鸟会特别好斗。它们在自己的领地上不停地飞行，炫耀着自己。当有其他动物闯进来，它们就会主动发起攻击。即使遇到比自己大100倍的山鹰，也毫不退缩，它们会以独特的飞行技术，对准山鹰的眼睛猛啄。如果飞进来的是雌蜂鸟，雄蜂鸟则会殷勤地

去讨好它。

雌蜂鸟与雄蜂鸟交配后，就会离开，单独去建巢、繁殖后代。

蜂鸟的巢一般像杯子一样，十分小巧，可以建在非常细软的树枝上，甚至能建在蜘蛛网上。还有的蜂鸟巢好像一个篮子，用一根细丝垂吊在半空中！

假如有人发现了蜂鸟的巢，并试图接近它。那他可要小心了！蜂鸟妈妈可能会突然猛冲过来，对准他的眼睛猛啄，它会认为，人们接近它的巢是想带走自己的宝宝。蜂鸟妈妈的喙异常锋利，人的眼睛很可能会受到严重伤害，甚至会被啄瞎。

吃不停的蜂鸟

如果以人的心跳为标准，那么蜂鸟绝对是心跳过速，因为它们的心跳速度是人类心跳速度的8倍，每分钟心跳五六百次。不过这对蜂鸟来说，是再正常不过的。它们每秒钟要振翅四五十次，当然得有跳动速度快的心脏支撑它们的“剧烈”活动。这么大的运动量，也必须有营养和能量跟上，它们每天必须从数百朵花中采食花蜜，所吃的食物重量远远超过了它们自己的体重。在没有食物时，它们也会减慢新陈代谢，进入像“冬眠”一样的状态。

个头小，脑瓜好

蜂鸟被称为世界上最小的温血动物，它们这么小，却有很好的记忆力。刚吃过的食物，记住自然是没什么问题的，以前吃过的食物，甚至是在什么时候吃过的，它们也能记住。有专家研究发现，蜂鸟至少能记住8种开花植物花蜜的分泌规律，这样它们在采食花蜜时，已经采过的和还没分泌出花蜜的花朵，便不再去采了。这为它们节省了大量的时间和体力，否则它们那单薄的身体可经不起甄别新旧食物的折腾。

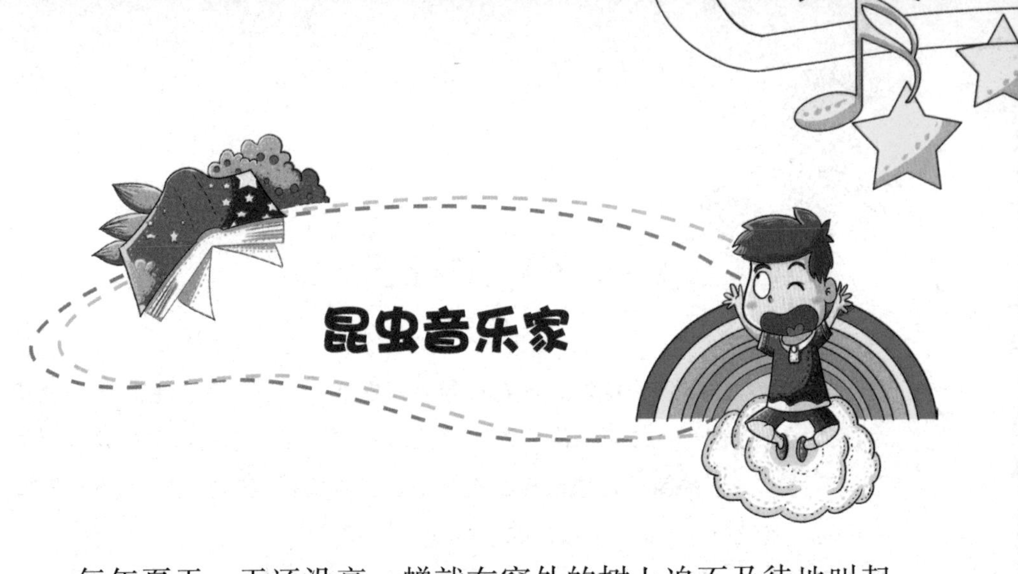

昆虫音乐家

每年夏天，天还没亮，蝉就在窗外的树上迫不及待地叫起来:“知了，知了……”它们叫个不停，此起彼伏，叫声高亢响亮。天气越是炎热，它们就叫得越欢，让人心浮气躁。

蝉的鸣叫声，或许有人讨厌，但也有很多人喜欢。自古以来，人们就对蝉的鸣叫很感兴趣，还有诗人墨客专门歌颂它。更有甚者，有人为了听蝉鸣声，还把蝉养在小巧玲珑的笼子里，并放在房中。

的确，从另一个方面来讲，自万物复苏的春天，到百花凋零的秋天，蝉一直在不知疲倦地唱着，为人们唱了一首又一首轻快而舒畅的歌曲，也为大自然增添了许多情趣。难怪蝉又被称为“昆虫音乐家”和“大自然的歌手”。

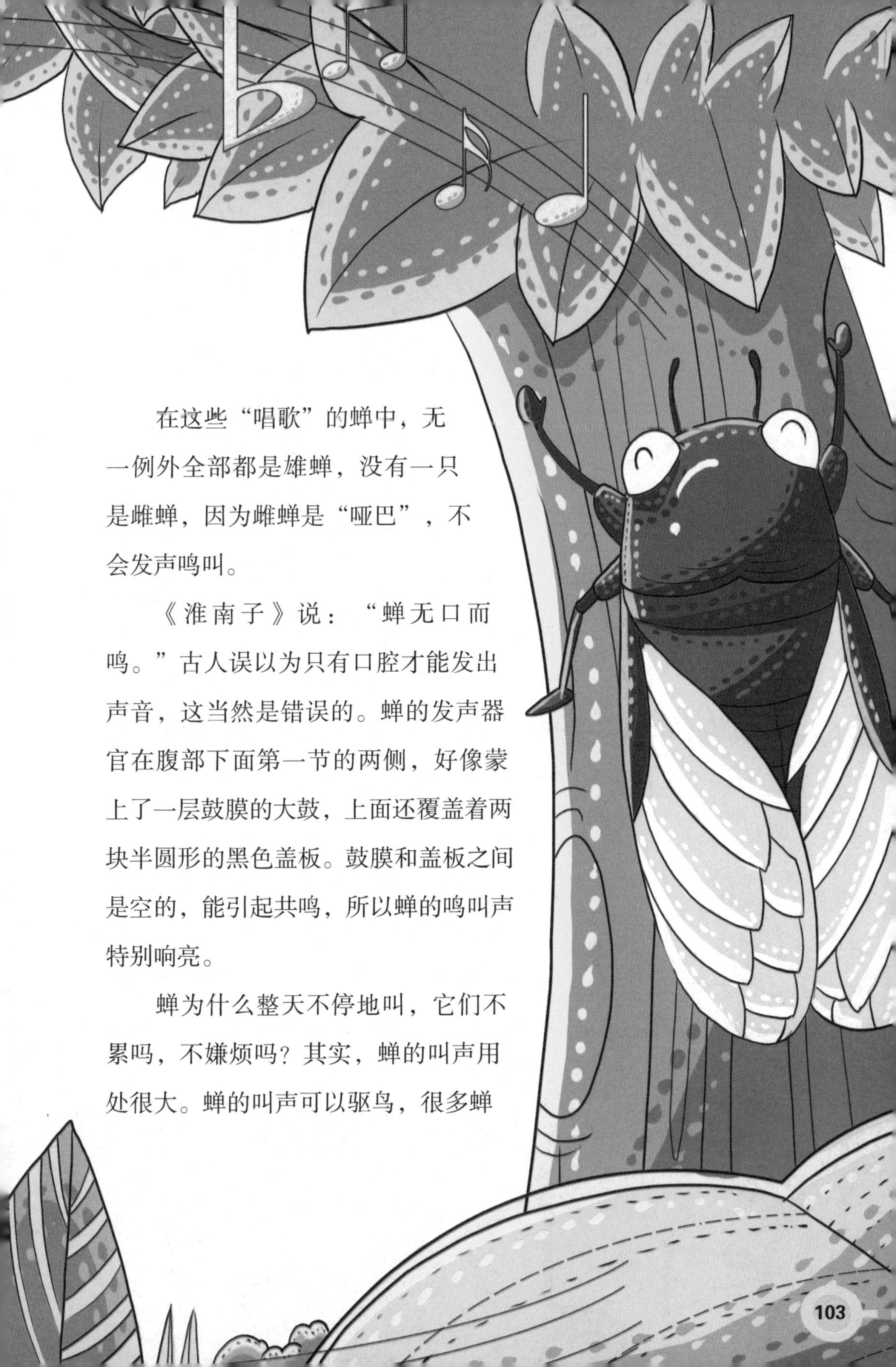

在这些“唱歌”的蝉中，无一例外全部都是雄蝉，没有一只是雌蝉，因为雌蝉是“哑巴”，不会发声鸣叫。

《淮南子》说：“蝉无口而鸣。”古人误以为只有口腔才能发出声音，这当然是错误的。蝉的发声器官在腹部下面第一节的两侧，好像蒙上了一层鼓膜的大鼓，上面还覆盖着两块半圆形的黑色盖板。鼓膜和盖板之间是空的，能引起共鸣，所以蝉的鸣叫声特别响亮。

蝉为什么整天不停地叫，它们不累吗，不嫌烦吗？其实，蝉的叫声用处很大。蝉的叫声可以驱鸟，很多蝉

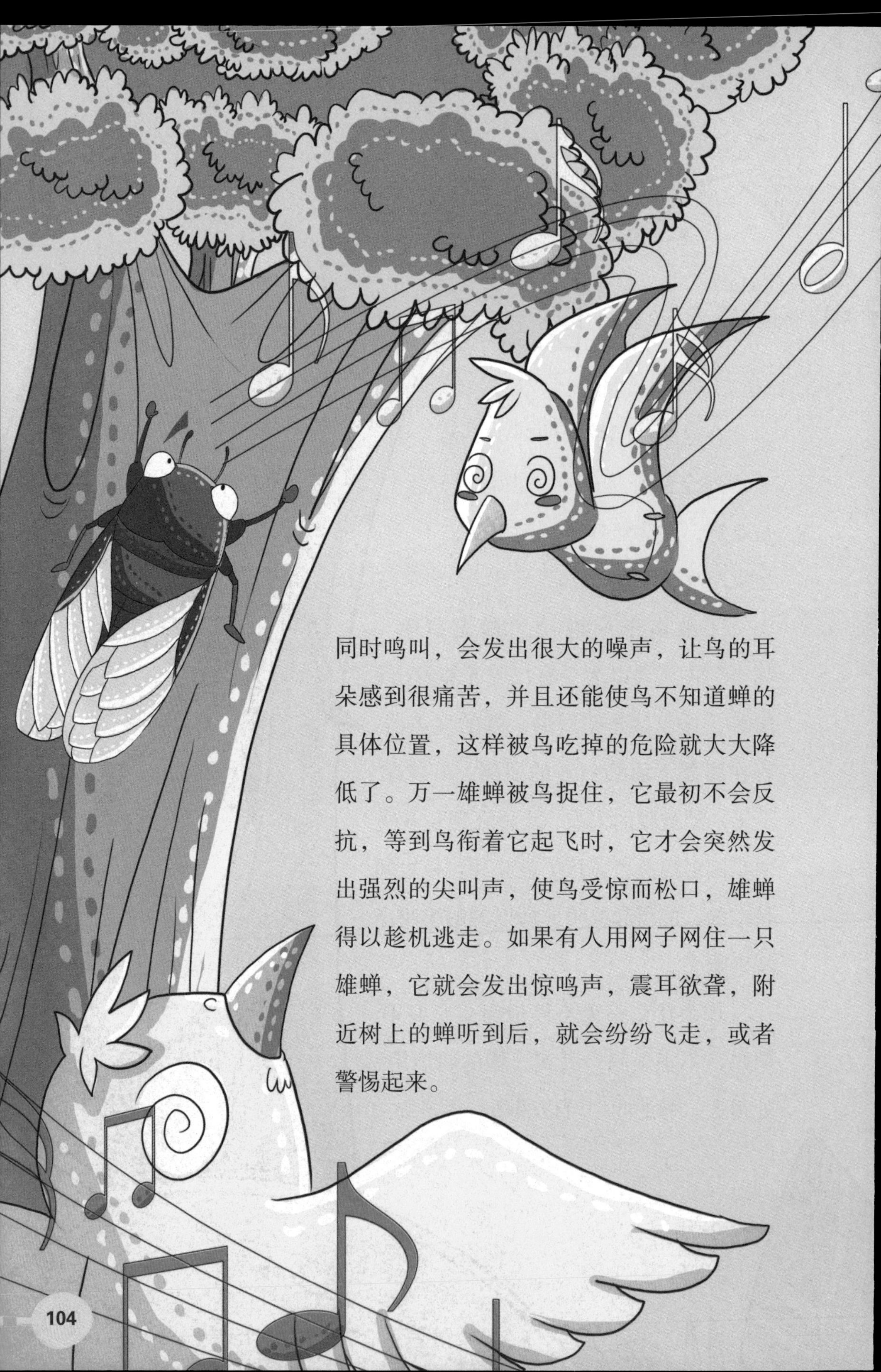

同时鸣叫，会发出很大的噪声，让鸟的耳朵感到很痛苦，并且还能使鸟不知道蝉的具体位置，这样被鸟吃掉的危险就大大降低了。万一雄蝉被鸟捉住，它最初不会反抗，等到鸟衔着它起飞时，它才会突然发出强烈的尖叫声，使鸟受惊而松口，雄蝉得以趁机逃走。如果有人用网子网住一只雄蝉，它就会发出惊鸣声，震耳欲聋，附近树上的蝉听到后，就会纷纷飞走，或者警惕起来。

当然，雄蝉鸣叫最大的作用是吸引雌蝉。在雌蝉听来，雄蝉的叫声就像一首首美妙的乐曲，将它吸引到雄蝉身边。被雄蝉浪漫的歌声折服后，雌蝉开始与雄蝉交配。之后，雄蝉很快死去，雌蝉则去寻找合适的地方产卵。

普通的蝉喜欢把卵产在细枝上，这些细枝垂下的很少，大多向上翘起，并且差不多已经枯死了。雌蝉用腹部末端尖锐的产卵器在干细枝上刺出三四十个小孔，把卵产在小孔里，每个小孔里大约有10个卵。

雌蝉产完卵后，不久就死掉。到第二年夏末秋初之时，蝉卵才会孵化出幼虫。刚孵出的幼虫，被风一吹，就掉落在地上。幼虫会立即找到松软的泥土，然后钻进去。在泥土里，它

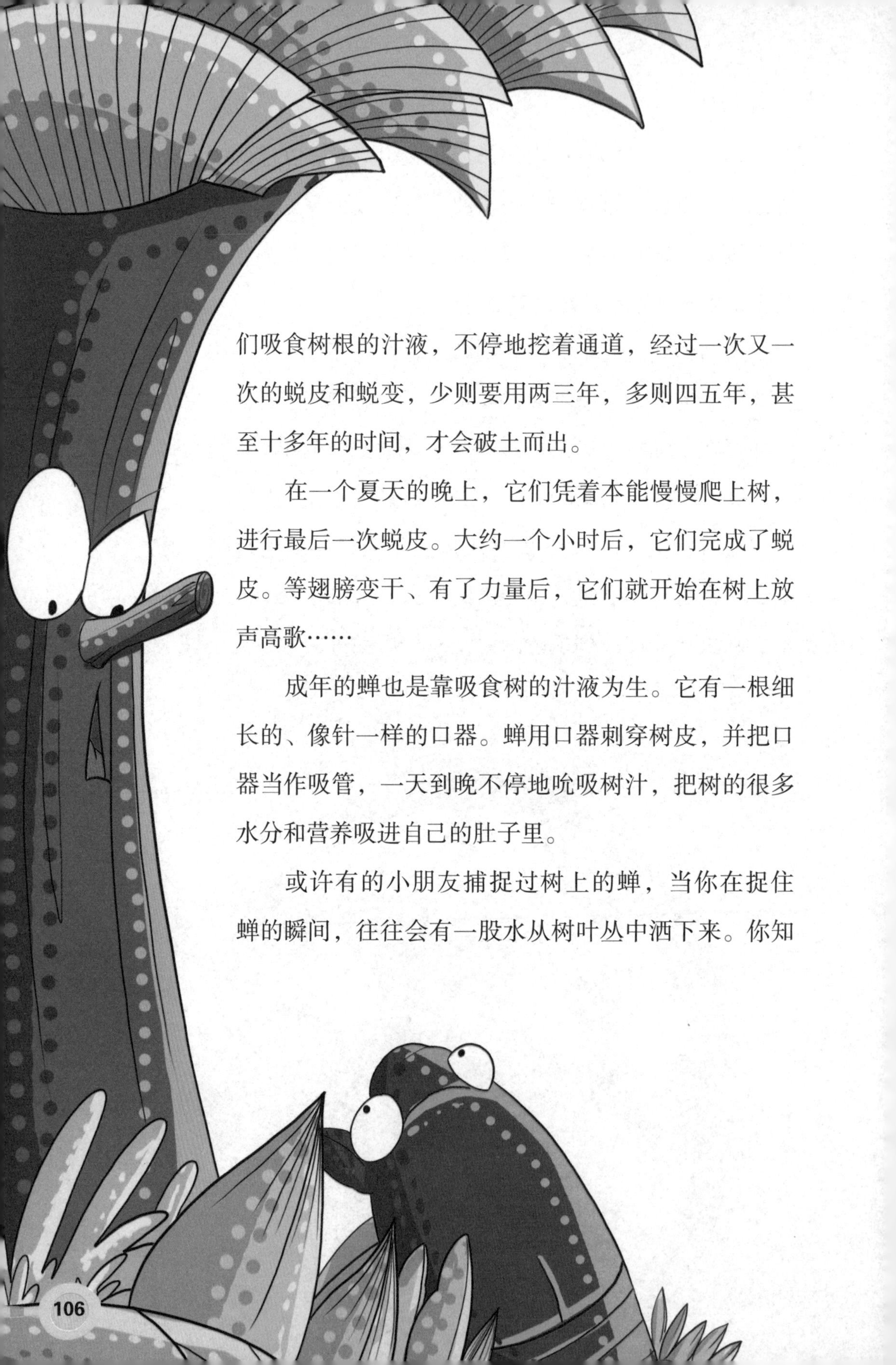

们吸食树根的汁液，不停地挖着通道，经过一次又一次的蜕皮和蜕变，少则要用两三年，多则四五年，甚至十多年的时间，才会破土而出。

在一个夏天的晚上，它们凭着本能慢慢爬上树，进行最后一次蜕皮。大约一个小时后，它们完成了蜕皮。等翅膀变干、有了力量后，它们就开始在树上放声高歌……

成年的蝉也是靠吸食树的汁液为生。它有一根细长的、像针一样的口器。蝉用口器刺穿树皮，并把口器当作吸管，一天到晚不停地吮吸树汁，把树的很多水分和营养吸进自己的肚子里。

或许有的小朋友捕捉过树上的蝉，当你在捉住蝉的瞬间，往往会有一股水从树叶丛中洒下来。你知

道吗，那是蝉的尿！蝉吸了那么多树汁，尿自然不会少。蝉能把尿液贮存在直肠囊里，当受到攻击时，便能立即把尿液排出体外，从而使体重减轻，便于起飞，同时还能起到自卫的作用。

雄蝉在树上一边高歌，一边用口器扎进树皮吮吸树汁。这种行为经常会招来蚂蚁、苍蝇、甲虫等口渴的昆虫，它们聚集在一起，都

来吮吸树汁。雄蝉就离开这里，在别处再开一口“泉眼”，继续为它们提供既营养又美味的饮料。雄蝉在树上扎了一个又一个洞，如果一棵树被扎上十几个洞，树就可能因为汁液流光而枯萎死亡。

蝉有那么多年在黑暗的地下做“苦工”，现在突然出现在明亮的阳光下，穿上了漂亮的衣服，沐浴着温暖的阳光，还长出了翅膀，能自由地飞翔。多么美妙啊！难怪它们要不停地快乐歌唱呢。这种生活是如此难得，却又那么短暂，因为蝉的成虫一般活不到20天！

带香味儿的小可爱

澳大利亚，对很多人来说，还是比较神秘的，因为盛产羊毛和矿产，因此被称为“骑在羊背上的国家”和“坐在矿车里的国家”。如果看看他们当地的动物，还可以说澳大利亚是“装在袋子里的国家”，因为袋鼠、树袋熊、袋鼯、袋貂、袋狸，以及灭绝了的袋狼，都是有袋类动物。

到了澳大利亚，不能不看桉树，走进某些桉树林，有时候会听到像小孩子哭叫一样的声音。善良的你，环顾四周，想看看有没有小孩子摔倒

了，或者是受了委屈、不高兴了，哭了起来。结果呢，你什么也没发现。其实呢，这的确是某位宝宝在哭，不过不是人类的宝宝，而是澳大利亚的国宝——树袋熊，也就是小考拉，受了惊吓叫了起来。它们非常胆小，受到惊吓的时候会像孩子一样连哭带叫，浑身颤抖。

考拉憨厚的长相也非常招人喜爱，虽然它们不是熊，却长得非常像可爱的小熊。有很多小朋友喜欢把自己打扮得五颜六色，这样会更漂亮。可是小考拉不是这样，它们身上主要是灰褐色的短毛，又厚又软又密，只有胸部、腹部、四肢内侧和内耳的毛是灰白色。毛茸茸的大耳朵和光溜溜的扁平鼻子，让它们异常可爱。它们的屁股上挂着一个用厚软的毛做的垫子，既可以坐在树上，也可以坐在地上。其实那是由它们的尾巴退化而成的。

在我们看来，小考拉有点儿懒，整天坐在树上，晒着暖暖的阳光睡觉，只是在早晨和傍晚才起来活动。其实这是因为，小考拉主要吃桉树叶，光吃一种食物营养是不够的，因此少活动可以减少身体能量的消耗。另外，桉树叶中含有大量的纤维和一定的毒素，消化和分解这些纤维和毒素也需要一定的时

间。更何况，白天太热，早晨和傍晚的温度比较适合它们。

在澳大利亚，有600多种桉树，但是适合小考拉吃的只有十几种，单只小考拉则只吃两三种甚至某一种桉树叶。这也是考拉在四五千万年的进化中选择的食物。桉树大都生在贫瘠的土壤中，营养自然不会很丰富。但是桉树叶中有大量的水分，只要天气不干旱，考拉不生病，它们就不需要到地面上找水喝。这也是考拉名字的由来，意思是“不喝水”。桉树叶有一种清香味，考拉长期吃这种树叶，身上也有这种香味，这让人们更加喜欢考拉。因为一般的哺乳动物身上总会有一种臭味。

考拉的家就在树上，但是它们不需要像鸟儿那样搭一个舒

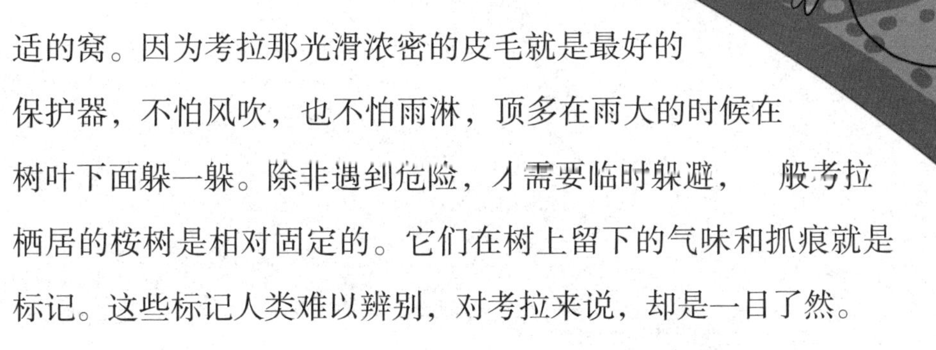

适的窝。因为考拉那光滑浓密的皮毛就是最好的保护器，不怕风吹，也不怕雨淋，顶多在雨大的时候在树叶下面躲一躲。除非遇到危险，才需要临时躲避，一般考拉栖居的桉树是相对固定的。它们在树上留下的气味和抓痕就是标记。这些标记人类难以辨别，对考拉来说，却是一目了然。

考拉的爪子跟人的手指既像又不像。人的大拇指跟其他四个手指是相对的，让人可以握住棍棒等东西。考拉的前掌也有这样的构造，不过它们有两个爪子跟其他三个爪子是相对的，这样可以让它们更牢固地抓住树干和树枝，因此不管树皮多么光滑，考拉都能顺利地爬上去，并牢牢地待在上面。只不过，考拉有时候需要到地面上来吃一些砾石和沙土，帮助消化。如果树林太过稀疏，遇到澳大利亚犬或者狐狸等天敌，不能及时

找到可以躲避的树木，那就很危险。

考拉宝宝刚出生时是躲在妈妈的育儿囊里吃奶水的。当考拉宝宝长到二三十周的时候，考拉妈妈便会通过盲肠给考拉宝宝提供一种柔软的半流质食物，这种食物容易消化，营养丰富。等小考拉长到12个月的时候，便可以开始吃桉树叶了，也开始了迅速生长。小考拉通过妈妈的盲肠吃食的时候，会将育儿囊的口向下或者向后拉，外表看上去好像是袋口朝下或者朝后。随着小考拉的长大，妈妈的口袋已经无法装得下它了，考拉妈妈的奶头伸长到袋口附近，这样小考拉在袋口那里就可以吃到奶了。

小考拉开始自己吃桉树叶的时候，便经常趴在妈妈的背上。等到考拉妈妈要生育下一个小考拉的时候，上一个幼考拉便必须离开妈妈独立谋生。就像人类的孩子长到一定年龄，便要离开家独立谋生一样。开始独立谋生的考拉面临的危险很多。对它们来说，最重要的是要找到适合自己的桉树树种和考拉种群。一些雄性考拉，一开始会在桉树林的边缘徘徊游荡，经过一段时间的观察和探索试验后，找到适合自己的环境和种群，便可以定居下来。如果在这方面失败了，那就难以生存下去。

人和人之间有多种沟通方式，除了话语外，还有动作甚至表情等。考拉也有互相沟通的方式。除了气味和在树上刻画的标记以及像儿童哭叫一样的惊吓方式外，它们还可以通过嗡嗡声和呼噜声来进行沟通。例如雄性考拉在找伴侣的时候，还会发出很大的吼叫声，一方面可以吓退其他雄性考拉，另一方面也可以引起雌性考拉的注意。

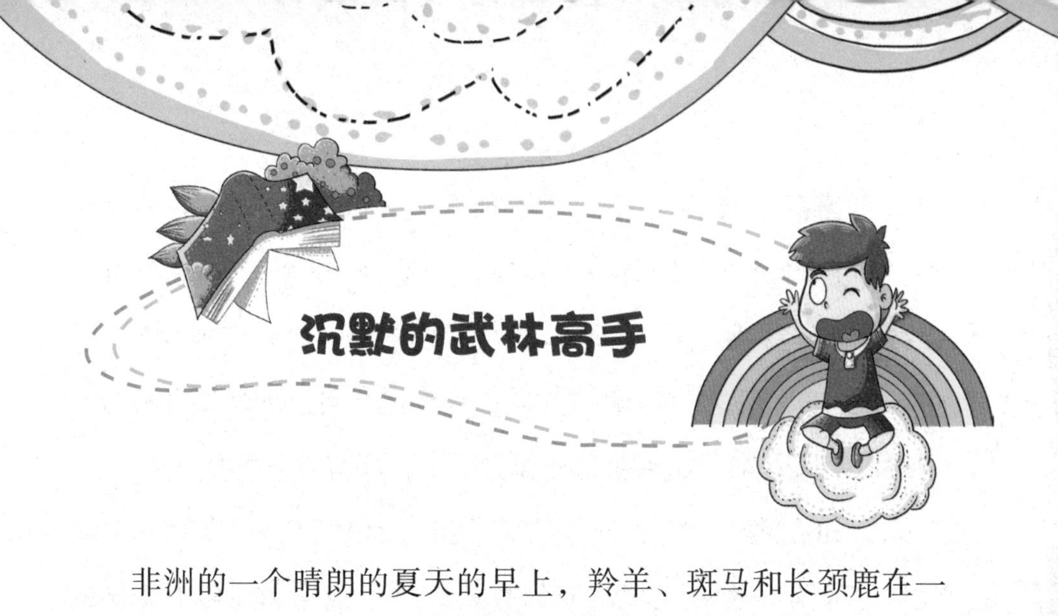

沉默的武林高手

非洲的一个晴朗的夏天的早上，羚羊、斑马和长颈鹿在一处水草丰美的地方悠闲地觅食，不远处是稀疏的树丛。几只早起的鸟儿在点缀着白云的蓝天中翻飞婉鸣。

突然，一头长颈鹿停止了觅食，耳朵警惕地转动了一下，头顶上大大的眼睛骨碌碌转动了几圈，便开始以每小时70多千米的速度飞奔起来。其他长颈鹿也跟着奔跑起来。羚羊和斑马看到长颈鹿群在奔跑，便也赶快跟着迅速地往远方跑去。然而，长颈鹿群没跑多远，从它们的后侧的树丛里蹿出来一头母狮，风驰电掣般地向着跑在最后的一头长颈鹿追去。母狮越追越近，在离那头长颈鹿不足1米的时候，腾身而起，向着长颈鹿左后侧扑了过去。然而，长颈鹿向右一个紧急闪身，避开了母狮的猛扑。落地后的母狮迅速调整了一下姿势，正打算再次跳起，忽然感到右肋传来一阵猛烈刺骨的疼痛。原来那头被母狮追逐的长颈鹿，在往右闪身的同时，左后蹄猛地对着母狮踢了出去，正中母狮右肋。这一踢，足有一两千千克的力量，被踢

中的母狮，肋骨被踢断，在草地上翻了几个滚儿，一时间难以爬起来，只好无奈地看着长颈鹿越跑越远。

踢伤母狮的长颈鹿是个鹿妈妈。刚才正是她凭借自己长长的脖子和高度的警惕性首先发现了周围正有狮子在偷偷向它们靠近，便立刻发出信号，并奔跑起来。为了保护自己心爱的孩子，她跑得并不快，但她让孩子随着鹿群在前面跑，她则在后面保护着。当母狮向她袭击时，她便狠狠教训了母狮一下。

不会吧，长颈鹿会有这么凶猛吗？公园里的长颈鹿可是很温柔哦，尤其是当它们弯下脖子的时候，大大的眼睛，长长的睫毛，忽闪忽闪，多像位温柔美丽的公主呀！没错儿，在动物园里，长颈鹿没有天敌袭击它们，当然可以过舒适优雅、食物富足的生活了。然而，在非洲大草原

的野生环境下，危机四伏，当然得小心点儿了。而且还得有几招拿手本领，必要时可以教训一下来犯之敌。而为了保护自己的宝贝儿，更得十分小心、万分勇猛了。俗话说，兔子急了会咬人，长颈鹿被逼急了，也会开踢了。

长颈鹿最引人注目的当然是它们那长长的脖子了，最高的长颈鹿身高有6米多，而脖子和头部，则要占身高的一半左右。有趣的是，它们支撑脖子的骨头数量，竟然跟人的脖子上的骨头一样多，共7块，只是每块骨头要长得多。长颈鹿的脖子很长，给它们带来了很多方便，例如可以吃到高处的树叶，可以提早发现危险，及时逃跑。但是也给它们带来了很多不便，例如喝水的时候，必须把两条前腿大大分开，才能让脖子弯下来够到水面，那样子就像一个大大的“个”字。而狮子等天敌，

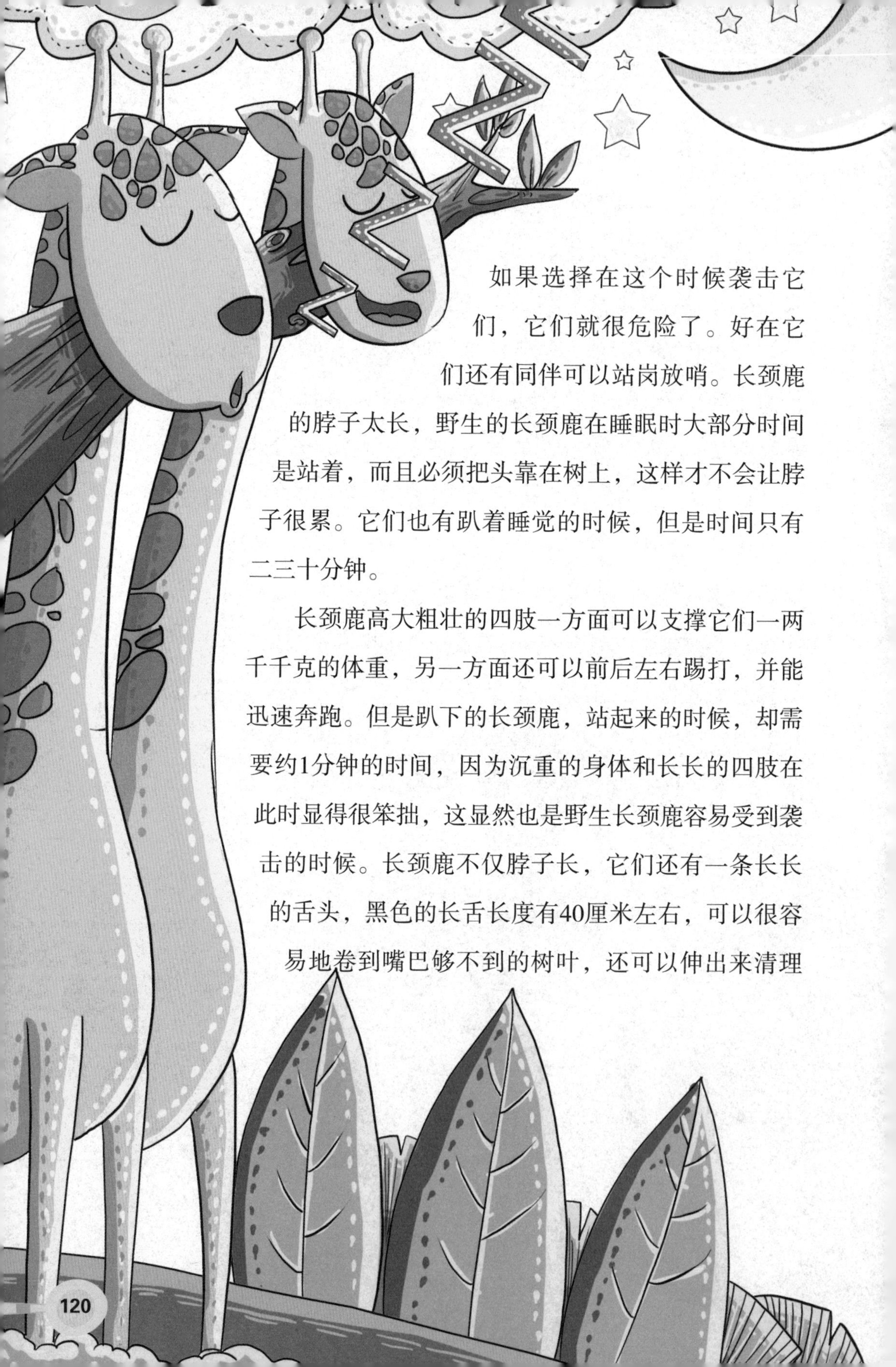

如果选择在这个时候袭击它们，它们就很危险了。好在它们还有同伴可以站岗放哨。长颈鹿的脖子太长，野生的长颈鹿在睡眠时大部分时间是站着，而且必须把头靠在树上，这样才不会让脖子很累。它们也有趴着睡觉的时候，但是时间只有二三十分钟。

长颈鹿高大粗壮的四肢一方面可以支撑它们一两千千克的体重，另一方面还可以前后左右踢打，并能迅速奔跑。但是趴下的长颈鹿，站起来的时候，却需要约1分钟的时间，因为沉重的身体和长长的四肢在此时显得很笨拙，这显然也是野生长颈鹿容易受到袭击的时候。长颈鹿不仅脖子长，它们还有一条长长的舌头，黑色的长舌长度有40厘米左右，可以很容易地卷到嘴巴够不到的树叶，还可以伸出来清理自己的鼻孔。舌面上密布的突起还能保护舌头不被棘刺扎伤。

说长颈鹿是“沉默的武林高手”，除了长长的四肢和脖子可以发挥攻击和瞭望功能外，科学家还发现，长颈鹿可以用声音交流。长久以来，很多人认为长颈鹿没有声带，无法发出声音。其实长颈鹿不仅有声带，而且还会叫，雌长颈鹿和幼长颈鹿有时会发出“呼噜”“哞”“咩”“喵”的声音，这种声音很低沉，而且有时候不是人的耳朵能听到的。这是不是很像武打小说中传说的“腹语”呀。

其实长颈鹿的生存秘籍绝不止于此。长颈鹿鼻子上的肌肉可以自如地让鼻孔自由开合，防止灰尘和蚂蚁进入。对人来说，血压高是不健康的表现，严重时会引发很多疾病。而对长颈鹿来说，则是生存的需要，是健康的表现，长颈鹿的血压是人的血压的3倍，只有这样，才有足够的压力可以把血液送到长长的脖子顶端的头部。它们还有着重达12千克的心脏，有力的收缩可以把足够的血液输送到头部。长颈鹿是反刍动物，食物从口中，经过长长

的脖子进入胃里，再从胃里经过长长的脖子回到口中反刍，靠的是食管上强有力的肌肉。

长颈鹿从头部的角到四只蹄子，都包裹着可以起到保护作用的斑纹。较年轻的长颈鹿只有两只角，成年时则可以达到五只角。更为神奇的是，没有任何两头长颈鹿的斑纹会一样。看来这位阿非利加洲（非洲的全称）的武林高手，还真有许多神奇之处。

从小爱科学　小生活大世界